Gartenrezepte

Einfach nachmachen...

Dorothée Waechter (Hrsg.)

Einfach nachmachen…

GARTEN REZEPTE

die sicher gelingen

Ute Bauer
Hans-Peter Haas
Ulrike Leyhe
Karen Möller
Barbara Poschmann
Herta Simon
Helga Urban
Dorothée Waechter

blv

Inhalt

Sommerblumen (Herta Simon)

Blumenbeete (Ulrike Leyhe)

Rosengärten (Ute Bauer)

Duftgärten (Helga Urban)

Garten-Praxis

Pflanzideen nach Rezept

Der Garten gehört zu den schönsten Erholungsräumen des Alltags. Hier genießt man die Freizeit, baut Stress ab und sammelt jede Menge Erfahrungen über Pflanzen und die Schönheit der Natur.
Ähnlich wie eine Wohnung setzt sich das grüne Paradies aus verschiedenen Bereichen zusammen. Beete und Hecken, Sitzplätze und Vorgärten, Wege und Arbeitsplätze spielen ebenso eine Rolle wie der Rasen und der Topfgarten. Jede einzelne Fläche muss Stück für Stück geplant und angelegt werden, damit sie sich nicht nur harmonisch ergänzen, sondern auch dem persönlichen Geschmack entsprechen.

Das Kennenlernen

Bevor Sie sich mit Ihren Ideen und den Details auseinander setzen, sollten Sie sich ein genaues Bild von Ihrem Garten machen. Ganz gleich, ob es sich um eine Neuanlage

Willkommen im sommerlichen Garten: Der Rosenbogen begrüßt die Besucher, die Liege lädt ein zum Genießen.

oder eine Gartenrenovierung handelt, gilt es, die Gegebenheiten zu studieren. Licht und Schatten, der Boden, die Nachbarn und die Lage zum Haus spielen eine wichtige Rolle für die Planung. Und natürlich sollte man auch die verschiedenen Jahreszeiten berücksichtigen.

Rezepte, die man leicht umsetzen kann

Für die Gestaltung des Gartens bietet dieses Buch nicht nur Anregungen, sondern ganz konkrete **Garten-Rezepte**. Jeder Pflanzvorschlag präsentiert sich in einer stimmungsvollen Illustration. Im Folgenden wird wie in einem Kochbuch erläutert, welche Pflanzen in welcher Menge benötigt werden, was vorbereitet werden muss, wie man pflanzt und pflegt. Wertvolle **Praxistipps** begleiten Sie durch das folgende Gartenjahr, sodass Sie durch die regelmäßige Pflege eigene Erfahrungen sammeln können.

In diesem Buch haben wir Vorschläge zu den folgenden Gartenbereichen zusammengestellt: Vorgärten, Blumenbeete, Blütenhecken, Sommerblumenbeete, Rosen- und Duftgärten sowie Sitzplätze, Balkonkästen und Kübelpflanzen.

Ein Gehölzsaum rahmt den Garten ein, während die Beete rund um die ruhige Rasenfläche Abwechslung bieten.

Vorgärten • Blumenbeete

Der Weg zum Hauseingang schlängelt sich im Sommer durch bezaubernde Blumenbeete. Das leuchtende Rot der Fassade spiegelt sich in den roten Rosen wider.

Die Visitenkarte

Ein Vorgarten dient vor allem der Repräsentation. Das bedeutet, dass dieser Bereich zum einen Individualität ausstrahlen, zum anderen pflegeleicht sein sollte. Macht die Bepflanzung viel Arbeit, wirkt der Vorgarten in hektischen Zeiten ungepflegt. Die Gestaltung wirkt harmonisch, wenn sie sich auf die Architektur des Hauses bezieht. Farben, Formen und Stil spielen die Hauptrolle bei der Gestaltung.

Ebenso bekommt ein schlichtes Reihenhaus durch eine gewisse Extravaganz des Vorgartens die persönliche Note.

Zugleich muss ein Vorgarten bestimmte Funktionen erfüllen. Das Haus muss leicht zugänglich sein, das heißt, ein Weg, der ausreichend breit und bei jedem Wetter sicher zu begehen ist, führt zur Haustür. Ein gerader Verlauf erweist sich als praktisch, während die eine oder andere Biegung Raum für interessante Gestaltungen bietet. In vielen Fällen bringt man die diversen Mülltonnen im Vorgarten unter und stellt dort Fahrräder ab. Nicht selten geht die Garagenzufahrt nahtlos in die Beetflächen über oder ein Carport wird in einem Bereich des Vorgartens aufgestellt.

Grenzt der Bürgersteig direkt an die Pflanzflächen, sollte man auch eine Einfassung bei der Planung berücksichtigen. Halbhohe Hecken, niedrige Mauern und Zäune stellen die Möglichkeiten dar, um zu verhindern, dass Müll in den Vorgarten geworfen wird und Haustiere umherstreunen. Die Einfriedung sollte sich mit Leichtigkeit in die Umgebung einfügen und von Pflanzen locker umspielt werden, sodass jeder Besucher das Gefühl hat, vor einem gastfreundlichen Haus zu stehen.

Bunter Blütenzauber in den Blumenbeeten

Wenn man an die Gartengestaltung denkt, träumt man von malerischen Rabatten. Blütenstauden und Blattschmuckpflanzen ergänzen sich und bilden einen abwechslungsreichen Blickfang im Garten. Der Entwurf bedarf einer guten Pflanzenkenntnis. Blütezeit, Blütenfarbe und -form und die Ansprüche an den Standort bestimmen die Auswahl der verschiedenen Pflanzen.

Wie eine abwechslungsreiche Bordüre baut sich dieses Blumenbeet vor der Hecke auf.

Der hohe Rittersporn gibt mit seinen blauen Rispen im Frühsommer den Ton an.

Ein Blumenbeet hat in der Regel einen Höhepunkt, zu dem besonders auffällige Prachtstauden und Eyecatcher blühen. Ein bestimmtes Farbmotto verleiht der Pflanzenkombination meist den Zusammenhalt. In den Rezepten dieses Buches überzeugen die Beete zugleich vor und nach diesem Höhepunkt mit kleinen Highlights und unermüdlichen Dauerblühern. Außerdem baut sich die Bepflanzung hinsichtlich der Pflanzenhöhe harmonisch auf, sodass die Zusammenstellung vom Frühjahr bis zum Herbst ein überzeugendes Bild abgibt.

Blütenhecken • Sommerblumen • Rosen- und Duftgärten

Eine Zierkirsche betont im Frühling das Treiben der Zwiebelblumen an der Grenze zum Nachbargrundstück.

Die Zierde des Rahmens

Blütenhecken verwendet man, um die Fläche des Gartens einzurahmen oder einzelne Gartenräume voneinander abzugrenzen. Wo der Platz knapp ist, kann man mit blühenden Sträuchern zusätzlich für Farbtupfer und Abwechslung sorgen und die blütenarmen Zeiten der Beete geschickt überbrücken.

Die schönste Blütenpracht für den ganz Sommer

Einjährige Sommerblumen werden jedes Jahr neu gepflanzt, weil die Schönheiten entweder nicht winterhart sind oder nach der Blüte absterben. Doch die Mühe lohnt sich, denn die Sommerblumen sind Dauerblüher. Jedes Jahr kann man etwas Neues ausprobieren.

Selbst an einem trüben Tag scheint in diesem gelben Sommerblumenbeet die Sonne.

Die Rosen gehören zu den Lieblingsblumen

Als »Königin unter den Blumen« hat sich die Rose einen Namen gemacht. Die Schönheit hat viele verschiedene Gesichter. Man unterscheidet zwischen den ungefüllten und gefüllten Rosen, büschelblütigen sowie großblumigen Sorten. Einen besonderen Platz bekommt die Rose vor allem, weil sie sich mit den verschiedensten Wuchsformen in das Gartengeschehen einfügt. Neben Strauch-, Kletter-, Beet- und Bodendeckerrosen unterscheidet man Hochstämmchen mit einer kugelrunde beziehungsweise überhängenden Krone. Wildrosen bereichern den Garten im Herbst mit ihrem Fruchtschmuck.

Rund um den roten Sonnenhut entfalten Phlox und Agastache ihre angenehmen Düfte.

Rosenhochstämmchen und Kletterrosen bestimmen mit ihrer Blütenfülle das Bild des Gartens.

Der Zauber sinnlicher Blütendüfte

Wenn ein Garten nicht nur optisch viel hermacht, sondern auch andere Sinne anregt, steigert dies seinen Wert. Das Parfüm von Blüten und Blättern spielt hierbei eine besondere Rolle. Neben den Rosen gibt es eine Vielzahl von Gartenblumen, die sich in feine Düfte hüllen. Man sollte sie bei der Gestaltung nicht vergessen, sondern ihnen einen eigenen Platz reservieren. Wichtig ist, dass man an diesem Beet mit aromatischen Pflanzen häufig vorbeikommt und die Duftnoten Sie tatsächlich positiv stimmen. Schließlich verbirgt sich hinter dem Geruchssinn eine sehr persönliche Empfindung.

Oasen zum Genießen

Jeder Garten sollte Rückzugsräume haben, in denen man den Alltag vergessen und die Schönheit der Pflanzen auskosten kann. Sitzplätze können lauschige Eckchen für Tagträume sein und ebenso terrassenähnliche Gartenräume zum Feiern oder Zusammensein darstellen. Wichtig für die Gestaltung ist die Lage. Man muss den Sitzplatz leicht erreichen können und einen schönen, möglichst vielseitigen Ausblick haben. Berücksichtigen Sie den Sonnenstand und die Zeit, zu der Sie den Platz vorzugsweise nutzen wollen. So kann man die Terrasse in der Abendsonne mit einem großem Tisch und bequemen Stühlen als Platz für gesellige Abendstunden einrichten. In der Morgensonne wartet ein Bistrotisch auf Frühstücksgäste, und die Baumbank bietet in den Mittagsstunden angenehmen Schatten.

Ein blumiger Rahmen

Vor den Fenstern und am Balkongeländer ist viel Platz für stimmungsvolle Bepflanzungen. Mit Balkonkästen wird das Haus verschönert,

Am Sitzplatz mitten im Blumenbeet kann man die Schönheit des Sommers in vollen Zügen genießen.

und die kleinen Sitzplätze bekommen einen farbenfrohen Blütenschmuck in den Sommermonaten. Die Töne der Blütenfarben sollten harmonisch aufeinander abgestimmt werden. Zugleich kombiniert man aufrecht wachsende, buschige und überhängende Arten, damit die Bepflanzung der relativ kleinen Fläche in den lang gestreckten Kästen etwas her macht.

Mobile Blickfänge

Der Topfgarten bietet eine Vielzahl von Einsatzmöglichkeiten. Kübelpflanzen in dekorativen Gefäßen verzaubern Sitzplätze, Wegränder, Hauseingänge und Lücken. Sie verdecken kleine Mängel der Architektur und bauen sich als Sicht- und Windschutz auf. In der Regel zieht man nicht winterharte Exoten in den Gefäßen, die dem Garten ein südliches Flair verleihen. Zudem kann man mit Sommerblumen die Topfgärten ausschmücken und dort, wo die Fläche für Beete stark begrenzt ist, für vielfältige Blickpunkte sorgen. Kübelpflanzen überzeugen, wenn man Gruppen bildet, die sich als kleine, in sich stimmige Blickfänge im Garten aufbauen. Und: Topfgärten greifen Urlaubserinnerungen an den Süden auf und stärken somit die Funktion des Gartens als wichtigen Erholungsbereich.

Oben: Der Balkonkasten rahmt den Platz auf dem Balkon blumig ein und verleiht ihm sommerliche Leichtigkeit.

Unten: Eine Sammlung verschiedener Pelargonien setzt vor der Hauswand einen malerischen Akzent. Einzelne Töpfe können im späten Sommer Lücken in den Blumenbeeten schließen, indem man die Gefäße in das Beet stellt.

Temperamentvoller Willkommensgruß

Der Charakter des Vorgartens wird zum einen durch die verschiedenen Rottöne von Blüten, Blättern und Früchten bestimmt, zum anderen mischen sich der Bodenbelag und die Bepflanzung locker ineinander. So bekommt die kleine Fläche eine gewisse Großzügigkeit. Mit Hilfe von Rosen, rotlaubigen Purpurglöckchen und Ringelblumen wird eine Abgrenzung zum Gehweg geschaffen. Diese Bepflanzung korrespondiert mit der Gestaltung der Flächen rechts und links vom Eingang.
Ergänzend kommen hier Stechpalmen und Berberitzen als Bereicherung für die Winterzeit hinzu. Die rotlaubigen Berberitzen werden aber auch für eine abgeschrägte Hecke auf der Grundstücksgrenze verwendet. Zwischen den Natursteinplatten wachsen immer wieder Teppich-Glockenblumen als Verbindungselement zwischen den verschiedenen Beeten. Sie breiten sich im Laufe der Jahre durch Selbstaussaat aus. Eine Säule bietet Platz für Töpfe in jahreszeitlicher Abwechslung.

Was Sie brauchen

1. **2 x Stechpalme *(Ilex aquifolium)***
2. **6 x Beetrose *(Rosa*-Hybride), rot blühend**
3. **12 x Purpurglöckchen *(Heuchera micrantha)***
4. **2 x Blutberberitze *(Berberis thunbergii* 'Atropurpurea'), runder Busch**

(4a) 16 x Blutberberitze, als Heckenpflanzen

(5) 14 x Ringelblume *(Calendula officinalis)*

(6) 10 x Teppich-Glockenblume *(Campanula poscharskyana)*

(7) 50 x Tulpe *(Tulipa*-Hybride), rot blühend – hier bereits eingezogen

Wie Sie pflanzen

Diese Vorgartengestaltung lässt sich leicht ausdehnen, indem man die reinen Pflanzflächen vergrößert und weitere rotlaubige Pflanzen wie das braunrote Blumensedum (*Sedum*-Hybride 'Matrona') und burgunderfarbenen Günsel (*Ajuga reptans* 'Atropurpurea') ergänzt.

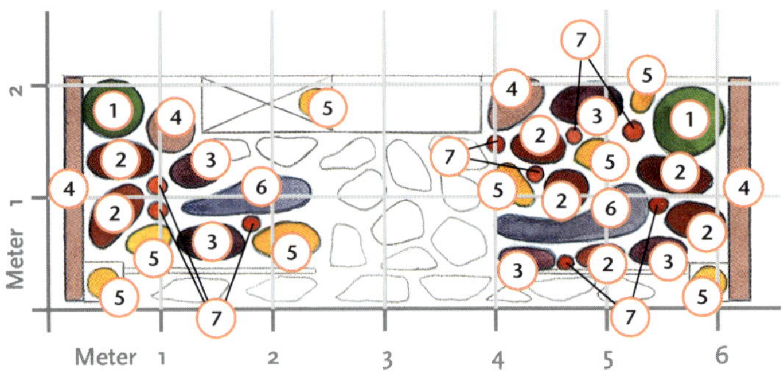

Pflanzplan zur Gestaltung Seite 16/17

Säulen als Blickfang

Zunächst werden die **Berberitzenhecken** gepflanzt. Ideal hierfür ist der späte Sommer oder das zeitige Frühjahr. Mit Hilfe von Bambusstangen, die jeweils am Heckenende in die Erde geschlagen werden, kann man die Pflanzen gerade ausrichten. Außerdem kann man mit einer weiteren Schnur die Schräge der Heckenkrone markieren. Später kann diese Hilfskonstruktion entfernt werden.

Nun werden für den Belag die Kantensteine gesetzt. Die Steine werden im Sandbett verlegt. Auch die Müllboxen können jetzt bereits aufgestellt werden. Für die Säulen sollte eine Stellfläche mit fachgerechtem Unterbau angelegt werden.

In den reinen Beetflächen lockert man unmittelbar vor dem Pflanzen die Erde und mischt reife Komposterde unter. Im Herbst können die **Rosen** gepflanzt werden. Anschließend setzt man **Stechpalmen** sowie **Berberitzenbüsche** und ergänzt **Purpurglöckchen** und **Tulpen.** Vor dem Verfüllen der Fugen mit Splitt setzt man die **Teppich-Glockenblumen.**

TIPP

In den breiten Fugen der Natursteine kann man einige Polsterpflanzen wie die Teppich-Glockenblume ansiedeln. Dazu wird der Splitt aus den Fugen vorsichtig herausgekratzt. Nun setzt man in das mindestens fünf bis sechs Zentimeter tiefe Loch eine kleine Pflanze und füllt um die Wurzeln Gartenerde ein. So werden die Randbereiche interessant, und Unkraut hat wenig Chancen.

Wie Sie pflegen

Im ersten Jahr

Die **Berberitzenhecke** wird nach dem Austrieb das erste Mal geschnitten. Dabei orientiert man sich hinsichtlich der Kantenführung an der gezogenen Schnur. Ende April werden die **Ringelblumen** ergänzt. Man kann sie in Töpfen auf der Fensterbank vorziehen. Legen Sie dazu drei Samenkörner in einen Topf und stellen ihn warm und hell auf. Die jungen Sämlinge müssen auf der Terrasse abgehärtet werden. Gegen späte Nachtfröste schützt man die Pflanzen mit einem Karton.

Welke **Tulpenblüten** werden abgeschnitten, die Blätter lässt man stehen, bis sie welk werden. Entfernt man die Zwiebeln direkt nach der Blüte, müssen im September neue gepflanzt werden. Diese Mühe garantiert jedoch Blüten im Frühling. Im Juni wird die Pflanzung gedüngt.

Nach dem Einwachsen

Der Heckenschnitt gehört zu den jährlich wiederkehrenden Arbeiten. Im Frühling nach dem Austrieb sowie im Juli/August schneidet man die Hecken. Im Frühling werden sowohl die **Purpurglöckchen** als auch die **Rosen** zurückgeschnitten. Den Sommer über putzt man ihre welken Blüten aus.

Die **Ringelblumen** müssen wie im ersten Jahr im April ergänzt werden. Im Herbst entfernt man die verdorrten Pflanzen. Die **Tulpen** werden alle drei Jahre neu gepflanzt.

Unter Wildem Wein *(Parthenocissus tricuspidata)* versteckt sich hier ganz geschickt die Mülltonnenbox. Im Herbst zeigt er seine prachtvolle Laubfärbung.

Was Sie auch nehmen können

statt 1 — **2 x Zierkirsche *(Prunus serrulata* 'Amanogawa'), säulenförmiger Wuchs, bis 6 m, hellrosa Blüten im Frühling.**

statt 5 — **9 x Präriekerze *(Gaura lindheimeri)*, lockerer, buschiger Wuchs, weiße Blüten den ganzen Sommer, wirkt duftig.**

statt 6 — **10 x Teppichsedum *(Sedum floriferum)*, immergrüne Sprosse mit fleischigen Blättern, gelbe Blüten im Juni/Juli, rote Herbstfärbung.**

Im Zeichen des Haus-baumes

Die Fläche vor dem Haus teilt sich in gleich große Hälften auf. Die linke Seite dient mit Fahrradunterstand und Müllboxen in erster Linie der Funktionalität, die rechte mit Hilfe einer pflegeleichten Bepflanzung der Dekoration. Im Mittelpunkt steht in alter Tradition eine Eberesche als Hausbaum.
Mit ihren cremefarbenen Blüten und den orangeroten Früchten gibt es im Frühjahr und im Herbst jeweils einen Höhepunkt. Aber auch Sommer und Winter spiegeln sich in dem Beet wieder. Als Abgrenzung wird das Beet mit Buchsbaumhecken eingefasst. Zugleich schmückt der immergrüne Rahmen auch in der kalten Jahreszeit. Die Unterpflanzung ist großflächig angelegt, damit der Vorgarten wenig Arbeit macht. In erster Linie schmücken mehrjährige Gartenblumen wie Himalaya-Storchschnabel, Sonnenhut und Mädchenauge die Baumscheibe. Außerdem wechseln sich Vergissmeinnicht und Ringelblumen im Frühjahr und Sommer ab.

Was Sie brauchen

1. **1 x Eberesche, Vogelbeere *(Sorbus aucuparia)***
2. **55 x Buchsbaum *(Buxus sempervirens)*, Jungpflanze**
3. **1 x Buchsbaum *(Buxus sempervirens)*, spiralförmig, Durchmesser 40 cm**

4 15 x Himalaya-Storchschnabel *(Geranium himalayense)*

5 12 x Vergissmeinnicht *(Myosotis sylvatica)* im Frühling bzw.

5a 12 x Ringelblume *(Calendula officinalis)* im Sommer

6 8 x Sonnenhut *(Rudbeckia fulgida* var. *sullivantii)*, z. B. 'Goldsturm'

7 8 x Schwefelgelbes Mädchenauge *(Coreopsis verticillata* 'Moonbeam')

8 70 x Schneeglöckchen *(Galanthus nivalis)* – hier bereits eingezogen

Wie Sie pflanzen

Ist die Kante zwischen beiden gleich großen Bereichen des Vorgartens gesetzt, kann man unabhängig voneinander die Pflanzung und die Verlegung der Platten vornehmen.

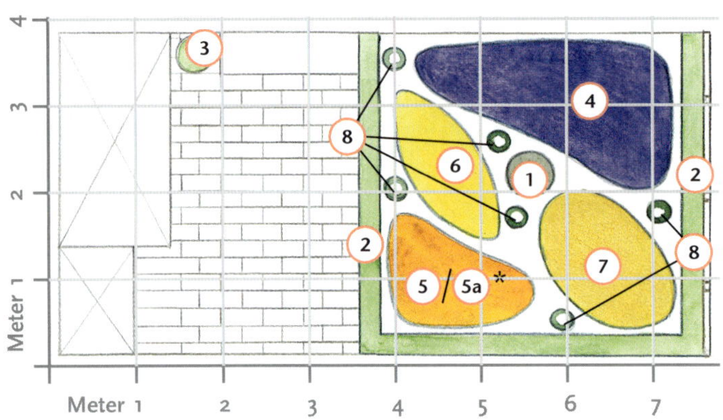

* 5 im Wechsel mit 5a

Pflanzplan zur Gestaltung Seite 20/21

Eine tiefgründige Lockerung

Der **Ebereschen**baum wird im Herbst gepflanzt. Als Pflanzware bietet sich ein ballierter, mehrjähriger Baum an. Containerware kann auch im Frühling oder Sommer gepflanzt werden, man muss das Gehölz in diesem Fall intensiver pflegen, insbesondere gießen. Der Boden wird vor der Pflanzung tiefgründig umgegraben. Auch der Grund des Pflanzlochs sollte gelockert werden. Wie beim Aushub mischt man reife Komposterde unter. Der Baum wird gepflanzt und an einem Stützpfahl befestigt, damit er gerade anwächst.

Ist es noch früh im Herbst, können die Zwiebeln der **Schneeglöckchen** in die Erde gesetzt werden. Anderenfalls werden sie im folgenden Jahr ergänzt. Im Frühling pflanzt man die Stauden sowie die **Vergissmeinnicht** aus Jungpflanzen; letztere zählen zu den Zweijährigen. Als Abschluss wird nun die **Buchsbaumhecke** gesetzt und der Topf neben dem Eingang bepflanzt. Ideal eignet sich dafür eine Kübelpflanzenerde mit Langzeitdünger.

TIPP

Die Mährische Eberesche *(Sorbus aucuparia* 'Edulis') trägt nicht nur besonders große, sondern auch schmackhafte Früchte. Man kann die orangeroten Beeren zu Saft und Marmelade verarbeiten sowie raffinierte Süßspeisen daraus bereiten. Allerdings sollte man darauf achten, dass die Vögel beim Ernten nicht schneller sind.

Wie Sie pflegen

Ein zweigriffliger Weißdorn *(Crataegus laevigata* 'Paul's Scarlet') baut sich als Hausbaum im Vorgarten auf. Zur gleichen Zeit blüht die Berg-Waldrebe *(Clematis montana)*.

Im ersten Jahr

Die **Eberesche** muss regelmäßig, aber insbesondere bei anhaltender Trockenheit reichlich gewässert werden. Sind die **Vergissmeinnicht** verblüht, tauscht man sie durch **Ringelblumen** aus. Diese können in Töpfen vorgezogen werden. Anfang August wird der **Buchsbaum** das erste Mal geschnitten, um den Austrieb anzuregen. Auch die Buchsspirale im Topf wird in Form gebracht.

Im Herbst bringt man zwischen den Pflanzen reife Komposterde aus. Gegebenenfalls werden jetzt die **Schneeglöckchen** ergänzt.

Nach dem Einwachsen

Im Winter kann die Krone der **Eberesche** zurückgeschnitten werden. In der Regel ist dies nicht nötig, nur im Ausnahmefall wird der Umfang etwas reduziert. Im zeitigen Frühling werden alle Stauden zurückgeschnitten und anschließend gedüngt. **Vergissmeinnicht** werden neu gepflanzt und im Juni durch **Ringelblumen** ersetzt. Die welken Ringelblumen knipst man ab, um die Bildung neuer Knospen anzuregen. **Buchsbaum** wird im März und August geschnitten. Der Sommerschnitt sollte nur bei bedecktem Himmel durchgeführt werden. Der Buchs im Topf neben dem Eingang wird alle drei Jahre in frische Erde gesetzt.

Wenn die **Schneeglöckchen**-Horste blattreich und blütenarm werden, so nimmt man sie im Frühling nach der Blüte auf und teilt sie. Anschließend setzt man sie wieder in die Erde.

Was Sie auch nehmen können

statt 1 — **1 x Zierapfel *(Malus × purpurea* 'Eleyi'), 6 m hoher Baum, dicht verzweigt, rote Blüten, rote Früchte.**

statt 4 — **10 x Teppich-Glockenblume *(Campanula poscharskyana)*, flache Polster mit langen Trieben, lilafarbene Blütenglocken den ganzen Sommer.**

statt 7 — **12 x Narzissen *(Narcissus*-Hybriden), gelbe oder weiße Trompetenblüten an langen Stielen im März/April.**

Formenspiele mit Gehölzen

Pflegeleicht und formal präsentiert sich dieser Vorgarten, der sich den architektonischen Fassadenelementen in verschiedenen Aspekten unterordnet. Rechts und links beschreibt eine Buchenhecke die Grundstücksgrenze. Sie ist nur achtzig Zentimeter hoch, um dem kurzen Schwatz mit dem Nachbarn nicht im Wege zu stehen. Die rechte Hecke übernimmt zugleich die Funktion, den Unterstand der Mülltonnen geschickt zu kaschieren.
Ein Kugelahorn bestimmt die Situation und nimmt runde Elemente aus der Fassade auf. Eckige Bestandteile finden ihre Entsprechung in den Kuben aus Eibe und Buchsbaum. Sie brauchen einige Jahre, bis sie sich dicht und kompakt entwickelt haben. Unterschiedliche Höhen bringen Abwechslung ins Spiel. Der Eingang ist mit Waldreben eingerahmt, die mit Hilfe eines Rankgerüstes ein lockeres Vordach bilden. Zusätzlich sorgt ein Topfarrangement aus Buchskugeln und Hornveilchen für einen freundlichen Empfang.

Was Sie brauchen

1. **2 x Italienische Waldrebe** ***(Clematis viticella*-Hybride)**
2. **23 x Hainbuche** ***(Carpinus betulus)***
3. **3 x Buchsbaum *(Buxus sempervirens)*, kugelförmig, Durchmesser zwischen 10 und 30 cm)**
4. **3 x Hornveilchen** ***(Viola cornuta)***

5 1 x Kugelahorn *(Acer platanoides* 'Globosum')

6 21 x Eibe *(Taxus baccata)*, Jungpflanzen

7 16 x Buchsbaum *(Buxus sempervirens)*, Jungpflanzen

Wie Sie pflanzen

Die Gestaltung lässt sich leicht an ein abweichendes Grundmaß des Vorgartens anpassen, denn die Abstände zwischen den verschiedenen Pflanzflächen können verändert werden. Wichtig ist nur, dass die Achsen erhalten bleiben.

Platten im Sandbett

Die Pflanzung der Gehölze und Verlegung der Platten wird in einem Arbeitsgang durchgeführt. Am besten arbeitet man sich von der einen Hecke zur anderen vor. Mit Hilfe von Schnüren werden die verschiedenen Pflanzflächen markiert. Für die **Buchenhecken** hebt man einen Graben aus und lockert die Erde tiefgründig. Im Frühling kann gleich Dünger eingearbeitet werden. Nun wird der **Kugelahorn** gepflanzt. Auch die **Italienischen Waldreben** werden rechts und links vom Eingang gesetzt. Dabei setzt man neben der Wurzel ein Plastikrohr zum Wässern ein. Anschließend werden die Platten verlegt. Die Felder für **Eiben** und **Buchsbaum** spart man aus. Bei den Verlegearbeiten sollte man nur Kantensteine im Mörtelbett verlegen, damit der Belag Halt hat. Die Platten selbst werden im Sandbett verlegt, damit Wasser leicht versickern kann.
Zum Schluss werden die fünf Flächen mit **Buchsbaum** beziehungsweise **Eiben** bepflanzt.

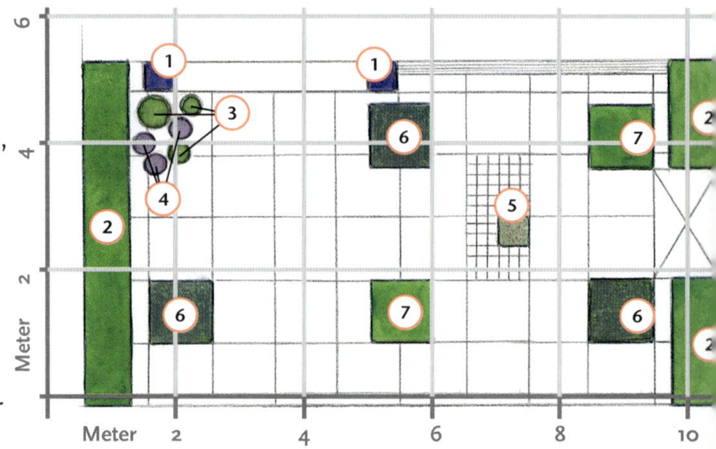

Pflanzplan zur Gestaltung Seite 24/25

Der Boden sollte gelockert und mit reifem Kompost verbessert werden. Achten Sie auf regelmäßige Pflanzabstände. Die Zwischenräume werden mit Mulch abgedeckt.

TIPP

Sparen Sie auf der Baumscheibe des Kugelahorns einige Betonsteine aus und ersetzen Sie diese durch Gittersteine. Dort können Jungpflanzen von Teppich-Glockenblumen *(Campanula poscharskyana)* gesetzt werden. So wird es unter dem Baum in den Sommermonaten blumig und bunt.

Wie Sie pflegen

Die Würfel sind aus Buchsbaum geschnitten. Sie wurden auf dem Weg zum Haus platziert und weisen so die Richtung zum Eingang.

Im ersten Jahr

Im Frühjahr muss die Bepflanzung gründlich gegossen werden. Jetzt können auch die Töpfe neben dem Eingang mit **Buchsbaum** und **Hornveilchen** bepflanzt werden.
Die **Hainbuchen** werden direkt nach dem Austrieb entspitzt, um die Verzweigung zu fördern. Anfang bis Mitte August schneidet man sie ein zweites Mal.
Buchsbaum und **Eiben** werden Anfang Mai das erste Mal geschnitten. Am besten verwendet man eine elektrische Heckenschere, um die Kanten und Oberfläche ganz gerade zu schneiden. Mit Hilfe von Schnüren markiert man die Höhe, wobei berücksichtigt werden muss, dass erst nach zwei bis drei Jahren die endgültige kompakte Form und Höhe erreicht ist.
Die **Italienischen Waldreben** werden zu dem Rankbogen über dem Eingang geführt. Sie sollten im Juni nochmals gedüngt werden.

Nach dem Einwachsen

Im Frühling düngt man alle Pflanzen. Im März können **Buchsbaum** und **Eibe** das erste Mal geschnitten werden, im August ein zweites Mal. Wichtig: Im Sommer muss das Wetter anhaltend trüb sein, wenn man die Immergrünen in Form bringt, sonst werden die Schnittstellen braun.
Nach dem Austrieb werden die **Hainbuchen** geschnitten. Sind die Hecken dicht, kann man mit Hilfe eines Drahtgerüsts lange Triebe über die Müllbox wachsen lassen, sodass ein grünes Dach entsteht.
Die **Italienischen Waldreben** hält man vital, indem man alte Triebe regelmäßig im Frühjahr herausschneidet. Ist das Klettergehölz stark vergreist, so kann man auch die Triebe im Frühjahr stark einkürzen und den Bogen komplett von der Basis her verjüngen.

Sonnige Farben für den Sommerbalkon

Gelb und Orange sind die Symbolfarben für Sommer, Sonne und Wärme. Wer für den Südbalkon mit voller Sonneneinstrahlung nach geeigneten Pflanzen Ausschau hält, liegt hier genau richtig. Die vorgeschlagene Pflanzenkombination greift bevorzugt warme, freundliche Farben auf und vermittelt so eine lebendige und auffallende Fröhlichkeit, die für den Betrachter durchaus ansteckend sein kann.

Blüten öffnen sich bei Sonnenschein

Die Auswahl der Pflanzen ist sehr gezielt auf solche ausgerichtet, die erst oder vor allem in voller Sonne ihre ganze Schönheit entfalten. So öffnen zum Beispiel die Blüten der Mittagsblume und des Kapkörbchens erst, wenn die warmen Sonnenstrahlen zum Aufwachen animieren. Bei Regen, Dunkelheit oder starker Beschattung schließen sich die Einzelblüten, um bei nächster Gelegenheit aufs Neue ihre einzigartige Schönheit zur Schau zu stellen.

(1) **1 x Strauchmargerite *(Argyranthemum frutescens)* 'Butterfly', gelb**

Was Sie brauchen

2 — 2 x Zinnie *(Zinnia angustifolia)* 'Classic', orange

3 — 2 x Kapkörbchen *(Osteospermum ecklonis)* 'Orange Symphony', orange

4 — 2 x Dukatenblume, Goldtaler *(Asteriscus maritimus)* 'Gold Dollar', gelb

5 — 2 x Mittagsblume *(Gazania rigens)* 'Czardas Orange', orange

6 — 1 x kleinblütige Petunie *(Petunia*-Hybride) 'Million Bells Lemon', gelb

Wie Sie pflanzen

Optisch werden die sechs verschiedenen Arten in strenger Symmetrie angeordnet. Die höher wachsenden Pflanzen stehen in der hinteren Reihe, vorne die niedrig wachsenden Arten, die so genannten Beipflanzen, dazwischen die Hängepflanzen.

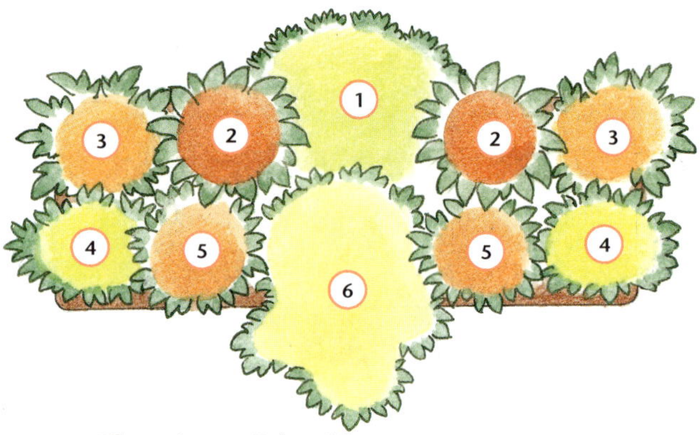

Pflanzplan zu Seite 28/29, Kasten mit 100 x 20 cm Größe

Die dominante Leitpflanze in der hinteren Reihe ist sicherlich die gelbe **Strauchmargerite.** Die Sorte 'Butterfly' gehört wohl zu den besten gelben Sorten, die der Markt derzeit zu bieten hat. Links und rechts davon gedeihen einfach blühende Zinnien. Die zierlichen orangefarbenen Blüten sind erstaunlich regenfest und blühen unentwegt bis zum Frost. Die **Kapkörbchen,** am äußeren hinteren Rand gepflanzt, werden den Raum nutzen und für die seitliche Abgrenzung sorgen. Mit der 'Symphony'-Sortenserie sind äußerst bemerkenswerte Neuzüchtungen erhältlich, die unermüdlichen Blütenflor den ganzen Sommer hindurch versprechen.

Im Zentrum der vorderen Reihe steht die kleinblumige **Petunie,** die im Laufe des Sommers den Charakter einer Hängepflanze übernehmen kann. Die verwendete Sorte 'Million Bells Lemon' mit ihrem typisch buschigen Wuchs öffnet die Blüten auch bei trüber Witterung und unterscheidet sich dadurch von den vielen gleichartigen Sorten. Ganz im Gegensatz dazu benötigt die **Gazanie** schon die hoch stehende Sonne, um die Blüten vollständig zu öffnen, entschädigt dafür aber mit einer eindrucksvollen Farbintensität. Der **Goldtaler** mit seinen goldgelben Blüten über den etwas dickfleischigen Blättern gehört schon auf Grund seiner Größe in die vordere Reihe des Balkonkastens gepflanzt und fordert geradezu ein sonniges Plätzchen.

TIPP

Eine automatische Bewässerung oder ein Balkonkasten mit Wasservorrat erleichtert die Wasser- und Düngeversorgung schon erheblich.

Wie Sie pflegen

Die gelben und orangefarbenen Blüten der Mini-Petunie 'Million Bells' und der Zinnie lassen sich vorzüglich mit dem Blau des Männertreus kombinieren.

Am Sonnenbalkon gehört die Wasserversorgung unserer Pflanzen zur wichtigsten Pflegearbeit. Ballentrockenheit oder Staunässe führt zur Gelbfärbung der Blätter (Blattchlorose), Wachstumsstillstand oder im schlimmsten Fall zum Absterben der Pflanzen. Regelmäßiges Gießen, oft zweimal täglich, kann durchaus notwendig werden, um dem tatsächlichen Bedarf gerecht zu werden. An den heißen Tagen des Jahres sind pro laufenden Meter Balkonkasten bis zu zehn Liter Wasser zu verabreichen. Beachten Sie bitte, dass einmal ausgetrocknetes Substrat nur schwer wieder zu befeuchten ist. Schon deshalb ist es ratsam, auf gleichmäßige Substratfeuchte zu achten.

Die Pflege der hier überwiegend verwendeten Korbblütler (also **Strauchmargerite, Zinnie**, **Kapkörbchen, Goldtaler** und **Gazanie**) beschränkt sich hauptsächlich auf das Ausschneiden der verblühten Blumen. Damit wird die Samenbildung verhindert und die weitere Knospenbildung und Nachblüte gefördert.

Die gelben **Strauchmargeriten** werden leider liebend gerne von Minierfliegen angeflogen. Die Blätter zeigen dann die typischen Miniergänge (gewundene, braun und trocken werdende Linien) und werden schnell unschön. Abhilfe können so genannte »Licetan«-Combistäbchen bieten, die in jedem Fachhandel erhältlich sind. Die Anwendung muss streng nach Vorschrift erfolgen, also Beipackzettel beachten.

Gelbliche (chlorotische) Blätter an Mini-**Petunien** deuten auf Staunässe oder Eisenmangel hin. Vorbeugend ist die Zumischung eines speziellen Eisendüngers (z.B. Optifer) zum Pflanzsubstrat empfehlenswert. Im Einzelfall ist eine gezielte Eisendüngung durchzuführen. Achten Sie darauf, dass der pH-Wert im Substrat nicht über 6,5 ansteigt, weil dann wichtige Nährstoffe (Eisen) nicht mehr zur Verfügung stehen. Wer regelmäßig physiologisch sauer wirkenden Dünger anbietet und auf bedarfsgerechte Bewässerung achtet, sollte diesbezüglich keine Probleme haben.

Blütenfülle für schattige Lagen

Die meisten Beet- und Balkonpflanzen bevorzugen einen sonnigen bis halbschattigen Standort. Dennoch muss der Blumenliebhaber mit einem »Schattenbalkon« nicht auf Blumenschmuck verzichten. Das Pflanzensortiment ist sicherlich begrenzt, doch mehr als ausreichend, um keine trübe Stimmung aufkommen zu lassen.

Klassiker für den Schatten

Die klassischen schattenverträglichen Balkonpflanzen sind Begonien, Fuchsien, Fleißige Lieschen und eine ganze Reihe von Blattschmuckpflanzen. Nicht zu vergessen ist zudem, dass einige Pflanzenarten so anpassungsfähig sind, um auch den schattigen Bereich zu tolerieren. Mit hellen und freundlichen Farben versucht unser Pflanzbeispiel, den Schattenplatz mit Licht zu erfüllen. Gelb, Apricot und Karminrot setzen die weithin sichtbaren Akzente. In dieser warmen Atmosphäre wird selbst der kühle Nordbalkon zur energiespendenden Oase.

1 **4 x Knollenbegonie *(Begonia*-Tuberhybrida-Gruppe) 'Nonstop Goldorange', leuchtend orange**

Was Sie brauchen

2 2 x Girlandenbegonie (*Begonia*-Tuberhybrida-Gruppe) 'Illumination Apricot', gelb-apricot

3 2 x Edellieschen (*Impatiens*-Neuguinea-Gruppe) Paradise 'Martinique', karminrot

4 1 x Fuchsie (*Fuchsia*-Hybride) 'President Georg Bartlett', magentafarben/violett

Wie Sie pflanzen

Für diese Balkonkastenbepflanzung sind insgesamt neun Pflanzen vorgesehen. Die Farbenkombination vermittelt ein Gefühl von Wärme und erfrischender Leuchtkraft. Verantwortlich dafür sind in erster Linie die **Knollenbegonien.** In der hinteren Reihe werden vier leuchtend orangefarbene Nonstop-Begonien gepflanzt. Wie der

Pflanzplan von Seite 32/33, Kasten mit 100 x 20 cm Größe

Sortenname schon sagt, entwickeln diese Dauerblüher von Mai bis zum ersten Frosteinbruch eine unschlagbare Blütenpracht. Die gefüllten Blüten werden von kurzen, festen Stielen getragen. Dies garantiert eine hohe Standfestigkeit auch bei ungünstigen Bedingungen.

Beim Auspflanzen sollten Sie darauf achten, dass die Pflanzen weder zu hoch noch zu tief eingesetzt werden. Der Wurzelballen sollte allenfalls leicht mit Erde bedeckt sein. Eine zu hohe Pflanzung gefährdet die Standfestigkeit und die Wasserversorgung der Pflanzen. Bei zu tief gesetzten Topfballen ist die Möglichkeit von Wurzelhalserkrankungen um ein Vielfaches höher. Gleiches gilt im Übrigen auch für die hängenden Begonien, die in der vorderen Reihe gepflanzt sind. Diese so genannten **Girlandenbegonien** präsentieren sich äußerst imposant und auffällig. Die verwendete Sorte entwickelt edle, zehn Zentimeter große, gelblich apricotfarbene Blüten. Die Wuchsform der 'Illumination Apricot' ist gegenüber den Partnersorten eher kompakt, die Blüten aber sind von unwiderstehlicher Leuchtkraft.

Daneben finden sich zwei weitere wichtige Vertreter für den schattigen Bereich. Die **Edellieschen** mit ihren wunderschönen, kräftig kaminroten Blüten und die überhängend wachsende **Fuchsie** mit magentafarbenem Kelch und violetter Krone. Die Sortenwahl richtet sich hier nach der gewünschten Farbe und dem Wuchscharakter. Beide Pflanzenarten haben diesbezüglich viel zu bieten. Bei den Fuchsien werden beispielsweise allein im deutschsprachigen Raum annähernd 2000 verschiedene Sorten kultiviert. Bei den Lieschen dürften es nicht viel weniger sein.

Wie Sie pflegen

Die leuchtenden Farben der Girlandenbegonie erfüllen den Schattenplatz mit Licht und Wärme.

Es gibt kaum eine Pflanze, die so pflegeleicht und doch so reichblühend ist wie die **Knollenbegonie.** Die Blüten sind erstaunlich regenfest, wenngleich ihr Gewicht der Blüten hohe Ansprüche an die Stabilität der Pflanze stellt. Die fleischigen Stiele sind durchaus bruchgefährdet. Windexponierte Lagen sind daher nicht besonders günstig. Knollenbegonien bevorzugen ein gleichmäßig feuchtes Pflanzsubstrat, was eigentlich für die Verwendung von Balkonkästen mit Wasserreservoir spricht. Die feinen Haarwurzeln sind ständig auf der Suche nach Wasser und Nährstoffen, um unermüdlich das Wachstum anzukurbeln.

Edellieschen bevorzugen warme, geschützte Lagen und sind im Schatten oder Halbschatten dankbare Dauerblüher. Sonnige Standorte sind bei Beachtung der Sorte und ausreichender Bewässerung durchaus möglich. Im Übrigen sind Neuguinea-Impatiens immer durstig und können auf ihre tägliche Wasserration kaum verzichten. Schon bei kurzen Trockenperioden reagieren die Pflanzen mit Welkesymptomen. Wenn dies wirklich eintreten sollte, dann ist es höchste Zeit zum Gießen, um Schlimmeres zu vermeiden. Bei lang anhaltenden Schlechtwetterperioden ist es ratsam, geschädigte Blätter oder verblühte Blumen abzunehmen, um Fäulnis vorzubeugen.

Fuchsien gehören zu den traditionellen Balkonpflanzen. Um längere Blühpausen zu vermeiden, sollten die Pflanzen immer ausreichend mit Wasser und Nährstoffen versorgt sein. Grauschimmel und Rostpilze treten verstärkt dort auf, wo die Pflanzen geschwächt oder unzureichend versorgt sind. Fuchsien müssen von Zeit zu Zeit durchgeputzt werden; dazu gehört auch, verwelkte Blüten abzunehmen, um den Samenansatz zu vermeiden. Dabei können Sie ganz nebenbei auf Schädlingsbefall untersuchen. Eine gewisse Anfälligkeit gegenüber Weißer Fliege und Blattläusen scheint gegeben, ebenso für die Rote Spinne.

Ein Kasten in elegantem Weiß-Blau

Die Auswahl und die Kombination der überaus reizvollen Blütenformen und -farben geben diesem Balkonkasten eine ganz persönliche Note. Die auffällig schlanke Wuchsform des Ziersalbeis verleiht dem Blumenarrangement eine noble Eleganz. Fast schwerelos wiegen sich die silberweißen und blauen Ähren im Wind. Das immer wiederkehrende Farbenspiel aus Weiß und Blau vermittelt zudem Ruhe und edle Zurückhaltung. Besonders die blauen Farbtöne sind es, die auch an den heißen Tagen des Sommers für angenehme Frische sorgen.

Harmonisch abgestimmte Pflanzen

Die Kombination aus altbekannten und neuen, teilweise wiederentdeckten Pflanzenarten ist hier meisterlich gelungen und ergibt eine ganz natürliche Harmonie und Leichtigkeit. Ein wirklich optimaler äußerer Rahmen für einen Ort der Entspannung und Erholung, wie es der eigene Balkon sein kann.

1 **2 x Kapkörbchen**
(Osteospermum ecklonis)
'Polarstern', weiß mit blauer Mitte

Was Sie brauchen

2 2 x Mehlsalbei *(Salvia farinacea)* 'Viktoria', blau

3 1 x Mehlsalbei *(Salvia farinacea)* 'Silver', silberweiß

4 2 x großblumige Petunie *(Petunia*-Hybride) Surfinia 'Blue', blau

5 2 x Steinkraut *(Lobularia maritima)* 'Snowdrift', weiß

6 1 x Gauchheil *(Anagallis monellii)* 'Skylover', königsblau

Wie Sie pflanzen

In dieser Pflanzenkombination fallen die grazilen, schlanken Blütenrispen des **Mehlsalbeis** sofort ins Auge. Die blauen und silberweißen Blüten erscheinen zuverlässig von Mai bis September und sind erstaunlich wetterfest. Selbst Wind und Sturm können dieser dankbaren Balkonblume kaum etwas anhaben.

Pflanzplan zu Seite 36/37, Kasten mit 120 x 20 cm Größe

Zwischen dem Salbei sind zwei **Kapkörbchen** vorgesehen. Das Besondere an ihnen sind die attraktiven Blüten. Wie kostbare Edelsteine erstrahlt die blaue Mitte zwischen den weißen Zungenblüten. Im Laufe des Sommers entwickelt sich immer wieder ein neuer Blütenflor, doch wird auch gelegentlich eine »Verschnaufpause« eingelegt.

In die Mitte der vorderen Reihe ist ***Anagallis*** gesetzt. Ihr Wuchscharakter ist zunächst noch aufrecht, aber schon bald wird er überhängend sein. Dass die Pflanze noch wenig bekannt ist, liegt wohl daran, dass sie Anfang Mai, mit Beginn der neuen Balkonsaison, meist noch ohne Blüten ist und eher unscheinbar wirkt. Dies ändert sich im Laufe des Sommers aber gewaltig. Es entwickeln sich königsblaue Blüten in einer Vielzahl und Schönheit, wie sie nur selten anzutreffen sind.
Das **Steinkraut** ist die ideale Ergänzungspflanze. Fast ohne Blühpause erscheinen die weißen Blütentrauben der Sorte 'Snowdrift' und erzielen damit eine beachtliche Wirkung. Als typischer Bodendecker wird das Steinkraut an den Kastenrand gesetzt, wo es polsterförmig überhängend wachsen kann.
Ganz gegensätzlich dazu demonstrieren die Surfinia-**Petunien** ungezügelte Wuchskraft mit überwältigender Blütenfülle. Im Lauf des Sommers entstehen wahre Blütenteppiche.

TIPP

Tritt Eisenmangel bei Petunien auf, erkennbar an bleichgelber Blattfärbung, so muss ein spezieller Eisendünger (z. B. Optifer) mit dem Gießwasser verabreicht werden.

Wie Sie pflegen

Der **Ziersalbei** benötigt erfreulicherweise keine besondere Pflege. Die duftenden Blütenrispen werden liebend gerne von Läusen angeflogen. Sollten sich keine natürliche Gegenspieler einstellen, kann bevorzugt auf Pflanzenschutzstäbchen zurückgegriffen werden.

Bei den **Kapkörbchen** ist die kontinuierliche Blüte nicht immer gegeben. Zur Blütenbildung benötigen sie kühle Temperaturen oder die langen Tage des Sommers. Schon beim Kauf der Pflanzen sollten Sie deshalb darauf achten, dass ein ausgeprägter Knospenansatz sichtbar ist, ansonsten erscheinen die Blüten meist etwas verspätet.

Die Farbe Blau lockt den Blütenthrips. Kein Wunder also, wenn die Blüten des **Gauchheils** eine fast magische Anziehungskraft auf diesen Schädling ausüben. Im Regelfall müssen wir den Thrips im Balkonkasten tolerieren, er ist in der Natur eigentlich allgegenwärtig und nie absolut bekämpfbar.

Lobularien (**Steinkraut**) sind in jeder Beziehung erstaunlich widerstandsfähig und robust, wobei sich die Sorte 'Snowdrift' als überaus blühfreudig erwiesen hat. Stehen die Pflanzen längere Zeit trocken oder zu dunkel, kann es durchaus vorkommen, dass einzelne Blüten abrieseln, und es bedarf schon etwas Geduld, bis sich wieder neue bilden.

Die blauen und silberweißen Rispen des Mehlsalbeis sind willkommene Partner für die rosafarbenen Fleißigen Lieschen und das Eisenkraut.

Obwohl die stecklingsvermehrten **Petunien** erstaunlich regen- und wetterfest sind, ist ein Vordach als Regenschutz für sie immer von Vorteil. Petunien kennt man als »Säufer« und »Fresser«, was als deutlicher Hinweis darauf zu verstehen ist, dass die Pflanzen eine reichliche Versorgung mit Wasser und Nährstoffen für sich beanspruchen. Empfehlenswert ist eine regelmäßige Ernährung mit physiologisch sauer wirkendem Volldünger. Damit ist zugleich sichergestellt, dass Eisenmangel kaum auftreten kann.

Ein Kasten für Duftfreunde

Mediterrane Düfte wecken oft angenehme Erinnerungen. So kann der Traum vom Süden auch auf dem kleinsten Balkon zur Wirklichkeit werden. Schließen Sie also die Augen und lassen sich entführen ins Reich der Düfte. Atmen Sie das Aroma von Macchia, Lavendel oder Vanille, von Urlaub und Erholung. Öffnen Sie Fenster und Türen und lassen den Wohlgeruch in Ihr Zimmer.

Abendliche Wohlgerüche

Viele Pflanzen entfalten oft erst am Abend oder nach einem warmen Regen ihr intensivstes Duftaroma und locken so zum Verweilen auf den Balkon. Dann können Sie Platz nehmen und die schönsten Stunden des Tages in Urlaubsstimmung verbringen. Und ganz nebenbei erfreuen Sie sich am Wachsen und Gedeihen der eigenen Pflanzen. Erfreuen Sie sich an den immer wieder neu gebildeten Blüten oder den filigranen Blättern, am Besuch der Bienen und bunten Schmetterlinge.

1 **2 x Currykraut**
***(Helichrysum italicum)*,**
gelbe Blüte, silbergraues Blatt

Was Sie brauchen

- ② **3 x Vanilleblume *(Heliotropium arborescens)* 'Marine', blau**
- ③ **2 x Zitronenthymian *(Thymus × citriodorus)*, weiß-grün-blättrig**
- ④ **2 x Lavendel *(Lavandula angustifolia)* 'Hidcote Blue', blau**
- ⑤ **1 x Mottenkönig, Weihrauch *(Plectranthus forsteri)*, grün-weißes Blatt**

Wie Sie pflanzen

In diesem Balkonkasten sind fünf Pflanzenarten miteinander kombiniert, jede mit einer anderen Duftnote. Gemeinsam ergeben sie ein wohlriechendes, würziges Duftgemenge, wie es nur im mediterranen Klima vorkommen kann. Die vorwiegend blauen Farbtöne der Blüten zaubern zudem eine entspannte und sehr erholsame Feierabendstimmung.

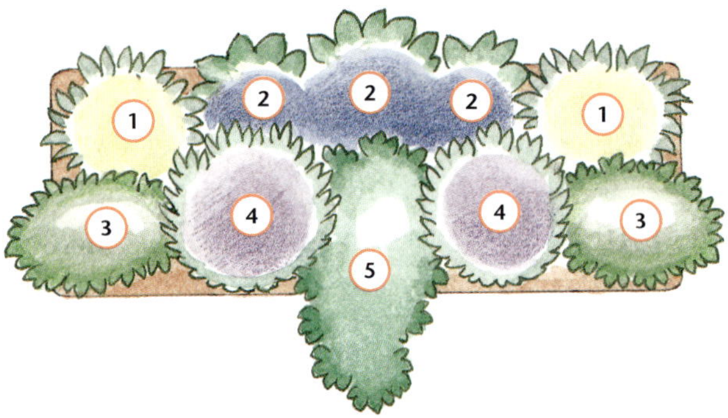

Pflanzplan von Seite 40/41, Kasten mit 100 x 20 cm Größe

Herrlichen Vanilleduft verbreitet die **Vanilleblume,** auch Heliotrop genannt. Die Pflanzen wachsen aufrecht und werden im Balkonkasten je nach Sorte bis zu 50 Zentimeter hoch. In diesem Fall ist sie die dominante Leitpflanze, die übers Jahr zuverlässig tiefdunkelblaue Blütendolden entwickelt. Für die hintere Reihe ist die Sorte 'Marine' schon aufgrund ihrer Wuchshöhe besser geeignet als beispielsweise die kompakt wachsende Sorte 'Mini-Marine'.
Links und rechts daneben wird das **Currykraut** gepflanzt. Hier ist es das feine, silbrig glänzende Laub, das sofort ins Auge sticht. Die gelben, zierlichen Blüten erscheinen meist verspätet, ohne großes Aufsehen zu machen. Wer die »Fingerprobe« machen will und die Blätter zwischen Daumen und Zeigefinger reibt, kann das ganze Aroma der Macchia erahnen.
Gleiches gilt auch für den **Zitronenthymian,** der diesen erfrischenden Zitronengeschmack in seinen Blättern verbirgt. Die Pflanzen wachsen polsterartig und sind deshalb in der vorderen Reihe bestens platziert. Die Blüten zeigen sich eher unscheinbar, aber das zierliche weiß-grüne Blatt wirkt äußerst elegant. **Lavendel**-Jungpflanzen wachsen verhältnismäßig langsam und werden bis zum Herbst etwa 40 Zentimeter hoch. Über das silbergraue Laub schieben sich zarte blaue Blütenrispen. Das intensive Aroma macht den Lavendel zu einer fast klassischen Duftpflanze.
Der **Mottenkönig** verbreitet den Duft von Weihrauch, darum wird er in manchen Gegenden auch Weihrauchpflanze genannt. Freilich ist dies nicht jedermanns Geschmack, aber schon aufgrund seiner Wuchskraft und der attraktiv gemusterten Blätter ist er fast ein Muss.

Wie Sie pflegen

Alle Pflanzenarten in diesem Balkonkasten bevorzugen einen sonnigen und warmen Standort. Ob Currykraut, Lavendel oder Zitronenthymian, im Grunde genommen sind sie alle äußerst anspruchslos. Neben dem richtigen Standort sollte lediglich auf ausreichende Wasser- und Nährstoffversorgung geachtet werden. Staunässe ist in jedem Fall zu vermeiden.
Der **Mottenkönig** ist zudem ein Paradebeispiel für besonders robuste Balkonpflanzen. Bis zum Herbst bilden sich bis zu zwei Meter lange Triebe, die immer noch attraktiv erscheinen, wenn sich viele andere Pflanzenarten bereits verabschiedet haben.
Nur die **Vanilleblume** tanzt in dieser Gesellschaft ein wenig aus der Reihe. Sie fühlt sich nur wohl, wenn sie wirklich regelmäßig mit Wasser versorgt wird. Bei unzureichender Wasserversorgung können Blattverbrennungen auftreten. Dabei trocknen die Blätter buchstäblich ein und färben sich fast schwarz. Ein Balkonkasten mit Wasservorrat kann diesbezüglich den Pflegeaufwand schon sehr erleichtern. Die abgeblühten Blütendolden der Vanilleblume verbräunen, und es empfiehlt sich, diese auszuschneiden, um dem weiteren Blütenflor eine neue Chance zu geben. Wer möchte, kann die Vanilleblume nach der Balkonsaison umtopfen und hell und kühl überwintern.

Duft-Pelargonien bilden vergleichsweise wenige, aber sehr attraktive Blüten. Die Sorte 'Citronella' verbreitet einen angenehmen Zitronenduft.

Mit etwas Geschick können die Pflanzen im nächsten Jahr wieder verwendet oder als Kübelpflanze herangezogen werden.
Der **Lavendel** gehört nach der Balkonsaison unbedingt ins Freie gesetzt. Ausgepflanzt sind diese Stauden mehrjährig und durchaus winterhart. Eine Überwinterung im Balkonkasten ist weniger ratsam, weil der Wurzelballen frostgefährdet ist und die Pflanzen zumeist vertrocknen.

Was Sie auch nehmen können

statt (2) **3 x Duft-Pelargonie *(Pelargonium × hortorum)* 'Citronella', rosa mit Auge. Die Pflanzen verbreiten einen angenehmen Zitronenduft.**

Leuchtkraft pur: Farbkontrast zwischen Gelb und Violett

Gegensätze ziehen sich an. So oder ähnlich ist die Wirkungsweise der so genannten Komplementärfarben zu verstehen. Im Farbkreis stehen sie einander genau gegenüber und versuchen sich in gegenseitiger Konkurrenz ständig zu übertreffen. Balkonblumen erfüllen diese Vorgabe oft auf ganz natürliche Art und Weise. Man denke nur an rote Blüten über dunkelgrünem Laub. Das Endergebnis ist pure Leuchtkraft! Klassische Farbpaarungen sind Rot/Grün, Blau/Orange und Gelb/Violett.

Unterpflanzung als Farbverstärker

In unserem Gestaltungsvorschlag umrahmt die violettblaue Vanilleblume die gelbe Strauchmargerite. Dieses kontrastreiche Farbenspiel ist wohl kaum zu übertreffen. Selbst die Unterpflanzung in Blau und Gelb ist bestrebt, den Farbkontrast in seiner Wirkung noch zu verstärken. Die verwendeten Arten bevorzugen einen sonnigen bis halbschattigen Standort.

1. **2 x Vanilleblume *(Heliotropium arborescens)* 'Marine', blauviolett**
2. **2 x Strauchmargerite *(Argyranthemum frutescens)* 'Butterfly', gelb**

Was Sie brauchen

3 2 x Husarenknopf
(Sanvitalia procumbens)
'Aztekengold', gelb mit brauner Mitte

4 2 x Blaues Gänseblümchen
(Brachyscome multifida)
'Ultra', blauviolett

5 1 x Gelbes Gänseblünchen
(Thymophylla tenuiloba)
'Sternschnuppe', gelb

Wie Sie pflanzen

In diesem Gestaltungsvorschlag werden insgesamt fünf verschiedene Pflanzenarten verwendet, die sich in vielerlei Hinsicht sehr gut ergänzen. In der Mitte der hinteren Reihe werden zwei **Strauchmargeriten** gepflanzt. Die Sorte 'Butterfly' leuchtet weithin sichtbar in strahlendem Gelb. Kompakt und stark verzweigend, werden die Margeriten im Laufe des Sommers bis zu 50 Zentimeter hoch und manchmal ebenso breit.

Pflanzplan zu Seite 44/45, Kasten mit 100 x 20 cm Größe

Jeweils links und rechts daneben werden **Vanilleblumen** gepflanzt. Sie schaffen damit den optischen Reiz für größtmögliche Leuchtkraft. Der Heliotrop wächst aufrecht und wird je nach Sorte 30 bis 50 Zentimeter hoch. Die Sorte 'Marine' entwickelt tief blauviolette Doldenblüten und verbreitet einen intensiven Vanilleduft. Kein Wunder also, wenn Bienen und Schmetterlinge fortwährend als Besucher anzutreffen sind.

Das **Blaue** und **Gelbe Gänseblümchen** verbindet eine feste Partnerschaft. Beide Arten gleichen sich – mit Ausnahme der Blütenfarbe – in ihrem Aussehen und Ansprüchen. Die Pflanzen werden etwa 20 Zentimeter hoch und formen wunderschön überhängende »Blütenpolster«. Gelbe und blaue Blumen erscheinen unentwegt und vermischen sich scheinbar zu einem einzigen Blumenkissen.

Daneben entwickelt der **Husarenknopf** seine zierlichen gelben Blüten mit brauner Mitte. Fast gleicht er einer kleinen Sonnenblume. Als typischer Bodendecker passt er sich dem Wuchs der »Gänseblümchen« sehr genau an. Neben einer Vielzahl hervorragender Sorten hat sich in jüngster Zeit die Sorte 'Aztekengold' besonders bewährt.

TIPP

Vanilleblumen lassen sich auch gut im Kübel ziehen – sogar als Hochstämmchen. Dann lohnt sich für sie auch eine Überwinterung. Die Pflanzen werden dann kühl und relativ trocken gehalten.

Wie Sie pflegen

Strauchmargeriten sind so genannte Starkzehrer und wollen deshalb reichlich mit Dünger versorgt sein, um ihren wahren Blütenreichtum entwickeln zu können. Es lohnt sich, Verblühtes auszuputzen, damit die Blütenbildung übergangslos fortgesetzt wird. Leider werden die gelben Gartenmargeriten bevorzugt von der Minierfliege angeflogen. An den Blättern erkennt man sehr bald den typischen Miniergang (gewundene braun und trocken werdende Linien) mit Schädling. Schon bei der ersten Schadenserkennung empfiehlt es sich, einzelne befallene Blätter abzunehmen und Licetan-Pflanzenschutzstäbchen anzuwenden.

Es ist kaum zu glauben, aber **Vanilleblume** und Dattelpalme haben eines gemeinsam: Beide lieben den »Kopf im Feuer« und die »Füße im Wasser«. Gemäß dieser Redewendung wünscht sich die Vanilleblume einen sonnigen Standort und ein regelmäßig feuchtes Pflanzsubstrat. Diese angenehme Duftpflanze reagiert auf anhaltende Trockenheit mit Blattverbrennungen. Manche Blätter trocknen buchstäblich ein und verfärben sich dunkel. Wenn Blütendolden verbräunen, ist dies meist ein sicheres Zeichen dafür, dass der erste Blütenhöhepunkt zu Ende geht. Im Einzelfall greifen Sie dann zur Schere, um die Optik wiederherzustellen.

Das Gelb der Strauchmargerite und das Blauviolett der Vanilleblume sind ein Musterbeispiel für die Leuchtkraft von Komplementärfarben.

Das **Blaue** und **Gelbe Gänseblümchen**, aber auch der **Husarenknopf** bevorzugen einen lichtreichen Standort. An schattigen Plätzen bleibt die Blüte eher verborgen. Die Pflanzen reagieren auf Staunässe oder Trockenheit äußerst sensibel. Stehen die Pflanzen zu nass, sind Wurzelerkrankungen möglich, und die Blätter verfärben sich gelb. Wer das Gießen vergisst, muss damit rechnen, dass ganze Pflanzenteile absterben. Anschließend wird man Geduld haben müssen, bis sich die Pflanzen aufs Neue regenerieren.

Pralle Lebensfreude in bunten Farben

Auf der Suche nach neuen Farbkombinationen ist es sehr ratsam, die Regeln der Farbenlehre zu nutzen – man liegt dabei eigentlich immer richtig. Gut zueinander passende Farben finden sich im Farbkreis an den Ecken eines gleichseitigen Dreiecks. So erhält man einen so genannten Farbdreiklang. Durch geschickte Farbenauswahl lassen sich die unterschiedlichsten Effekte zaubern: laut oder leise, kalt oder warm. Jeder Farbton hat seine ihm eigene Wirkung auf den Betrachter.

Bunt, aber nicht billig

Unser Gestaltungsbeispiel in den Grundfarben Gelb, Rot und Blau ergibt eine überaus fröhliche Gesellschaft. Ohne jemals aufdringlich zu erscheinen, vermittelt dieses »bunte Treiben« pure Lebensfreude in allen Lagen. Die Farbe Weiß dient vor allem als Bindeglied zwischen zwei unterschiedlichen Blautönen.
Alle Pflanzenarten bevorzugen den sonnigen bis halbschattigen Standort.

1 **2 x Pelargonie**
(Pelargonium × hortorum)
'Avenida', leuchtend rot

Was Sie brauchen

2 **2 x Mehlsalbei** ***(Salvia farinacea)*** **'Viktoria', blau**

3 **1 x Studentenblume** ***(Tagetes tenuifolia)*** **'Lulu', gelb**

4 **1 x Trichterwinde** ***(Convolvulus sabatius)*** **'Blaue Mauritius', hellblau**

5 **2 x Blaumeise** ***(Torenia fournieri)*** **Summer Wave 'Large Blue', blau**

6 **2 x Leberbalsam** ***(Ageratum houstonianum)*** **'White Hawaii', weiß**

Wie Sie pflanzen

In diesem Balkonkasten sind sechs verschiedene Pflanzenarten kombiniert. Den Mittelpunkt in der hinteren Reihe gestaltet die **Studentenblume.**
Im Laufe des Sommers bildet sie fast kugelige Büsche mit unzähligen zarten gelben Blüten. Das filigrane Laub und der lockere Wuchs vermitteln den Eindruck, als wäre es eine Wildpflanze.

Pflanzplan von Seite 48/49, Kasten mit 100 x 20 cm Größe

Einen ganz anderen Wuchscharakter zeigen die **Salvien.** Schlank und hoch strecken sich die blauen Blütenrispen nach oben und schaffen eine optische Trennung zwischen gelben Tagetes und roten **Pelargonien**. Wie rote Bälle leuchten die Blüten der Sorte 'Avenida' am Kastenrand. Stark wachsend, robust und mit sicherer Blüte bis in den Herbst hinein – dies sind die herausragenden Merkmale dieser Pelargonie.

Die '**Blaue Mauritius**' vermittelt einen Hauch von Exotik. Leider öffnen sich die Blüten nur bei Sonnenschein. Bei stark bedecktem Himmel oder Regen lässt sich die Blüte vornehm entschuldigen. Vielleicht ist dies der besondere Reiz dieser Pflanze und macht sie so interessant. Schon beim Kauf sollten Sie darauf achten, dass genügend Knospen sichtbar sind – sonst erscheinen die Blüten etwas verzögert.
Der weiße **Leberbalsam** sorgt für einen harmonischen Übergang zwischen den Pflanzenreihen. Füllig, kompakt und mit erstaunlichem Blütenreichtum ist er die ideale Beipflanze für den bunten Balkonkasten. In diesem Fall sind die weißen Blüten ein willkommenes Bindeglied zwischen der 'Blauen Mauritius' und den tiefblauen *Torenia*-Hybriden (**Blaumeise-Pflanzen**).

TIPP

Bei der Blaumeise kommt immer wieder Chlorose vor. Dies zeigt sich vor allem durch Gelbfärbung der jungen Blätter, wobei die Blattadern zunächst noch grün bleiben. Abhilfe schafft das Gießen mit einem speziellen Eisendünger (z.B. Optifer).

Wie Sie pflegen

Die kleinblumigen, einfach blühenden **Studentenblumen** beanspruchen weit weniger Pflegeaufwand wie beispielsweise gefüllt blühende Sorten. Aber regelmäßiges Wässern und Düngen gehört dennoch zum allgemeinen Pflichtprogramm für alle Balkongärtner.
Dies beansprucht auch der **Ziersalbei** für sich. Bei ihm kann es durchaus vorkommen, dass sich an den Blütenrispen Läuse ansiedeln. Manchmal genügt es, einzelne Triebe zu entfernen, ansonsten wäre der Griff zu Lizetan-Combistäbchen angemessen. Achten Sie darauf, dass beim Ziersalbei der Mitteltrieb entfernt wurde, um die Seitentriebe zu aktivieren. Sollte dies nicht der Fall sein, scheuen Sie sich nicht, die Pflanze nachträglich zu stutzen.
Die **Pelargonien** bevorzugen einen sonnigen Standort, reichlich Nahrung und, wenn möglich, Regenschutz. Die Pflanzen wollen lieber auf der »trockenen Seite« kultiviert werden. Um Blütenfäulnis gar nicht erst aufkommen zu lassen, sollten verblühte Dolden gleich entfernt werden.
Damit sich die '**Blaue Mauritius**' richtig wohl fühlt, braucht sie volle Sonne, sonst öffnen sich ihre entzückenden Blüten nicht vollständig. Die Wahl des richtigen Standorts ist hier also vorrangig. Ansonsten hält sich der Pflegeaufwand sehr in Grenzen.

Blaumeisen wünschen sich ein warmes, geschütztes Plätzchen und danken es auch in der Ampel mit enormer Blütenpracht.

Der **Leberbalsam** muss dagegen schon von Zeit zu Zeit geputzt werden. Besonders die weiß blühenden Sorten neigen zum Verbräunen. Daher verblühte Blumen regelmäßig abnehmen, nicht nur wegen des optischen Erscheinungsbildes, sondern auch um den neuen Blüten Platz zu machen.
Blaumeisen fühlen sich besonders wohl, wenn der Sommer warm und Wind- und Regenschutz gegeben ist. Bei guter Düngerversorgung und reichlichem Wasserangebot entwickeln sich ungeheuer attraktive Blütenkissen.

Kombination in weichen Farbtönen

Liebenswert verspielt präsentiert sich diese sommerliche Pflanzkombination, für die die Ostseite eines Hauses die wohl günstigsten Bedingungen bietet. Die weichen Farbtöne verbreiten eine angenehme Atmosphäre mit besonderem Charme. Eingerahmt in Blau verschmelzen Weiß und Rosa zu einem einmaligen Farberlebnis.
Der Sommerefeu ist dabei ein wichtiges Verbindungsglied in der horizontalen und vertikalen Gestaltungsachse. Diese außergewöhnliche Blattschmuckpflanze schafft einen interessanten Kontrast zu den Nachbarn. Die blaue Fächerblume wird sicherlich sehr schnell Kontakt aufnehmen und später doch ganz eigene Wege gehen. Beide buhlen um die Gunst des rosafarbenen Elfensporns, der zunächst noch aufrecht, aber bald den Sprung nach vorne über den Kastenrand wagen wird.
Im Laufe des Sommers erreicht diese Pflanzenkombination eine ungeahnte Fülle, die jeden Blumenfreund begeistert.

1 **3 x Ziertabak *(Nicotiana × sanderae)* 'Dynamo Weiß', weiß**

Was Sie brauchen

(2) 2 x Stehendes Männertreu *(Lobelia valida)*, blau mit weißer Mitte

(3) 2 x Fächerblume *(Scaevola saligna)* 'New Wonder', blau

(4) 2 x Sommerefeu *(Mikania scandens)*, grün

(5) 1 x Elfensporn *(Diascia vigilis)* 'Elliott's Variety', rosa

Wie Sie pflanzen

Die dominante Leitpflanze in der hinteren Reihe ist sicherlich der weiße **Ziertabak.** Ganz bewusst wurde eine niedrig wachsende Sorte mit hoher Standfestigkeit ausgewählt. 'Dynamo Weiß' wird im Laufe des Sommers bis zu 50 Zentimeter hoch und ist damit der bevorzugte Partner für die blau-weiß blühende ***Lobelia valida.*** Diese noch relativ selten verwendete

Pflanzplan zu Seite 52/53,
Kasten mit 100 x 20 cm Größe

Balkonblume mit ihrem typisch aufrechten Wuchs erreicht nicht ganz die Höhe des Ziertabaks. Die aparten Blumen erscheinen von Mai bis September und hätten eigentlich mehr Beachtung verdient.

Direkt vor dem Ziertabak erheben sich die rosafarbenen Rachenblüten des **Elfensporns.** Die Sorte 'Elliott's Variety' wächst zunächst aufrecht, schiebt dann aber die Blütenrispen nach oben, sodass sie später nach vorne überhängen. Obwohl die Pflanze ein sehr zartes, fast zerbrechliches Aussehen hat, ist der Elfensporn erstaunlich wetterfest. Selbst eine länger anhaltende Regenperiode kann ihre natürliche Vitalität kaum beeinträchtigen. Der überschwängliche Blütenflor erscheint von April bis Oktober und verblüfft immer wieder aufs Neue, auch was die Haltbarkeit der Einzelblüten betrifft.

Der **Sommerefeu** wird sehr schnell den Weg über den Kastenrand weit nach unten antreten. Das dunkelgrüne, frisch glänzende Blatt stellt den perfekten Hintergrund für die rosafarbenen *Diascia*-Blüten oder das zarte Blau der Fächerblume dar.

Wer einmal eine **Fächerblume** in den Balkonkasten oder in eine Ampel gepflanzt hat, will auf diese Pflanze sicher nicht mehr verzichten. Absolut wind- und wetterfest präsentiert sich die blau blühende Pflanze in einem meist sehr attraktiven Zustand. Die Triebe wachsen in der Jugendphase zunächst waagrecht und später mit Schwung nach unten. In jeder Blattachsel erscheinen neue Blüten. Wer es also versteht, das Wachstum dieser Pflanze in Gang zu halten, wird bis zum Frost ein überschäumendes blaues Blütenmeer erleben, das sicherlich viel Freude bereitet.

Wie Sie pflegen

Hänge-Pelargonie und Fächerblume sind nicht nur unermüdliche Dauerblüher, sondern schaffen auch interessante Farbübergänge.

In diesem Fall gibt die Blattschmuckpflanze den Standort vor. Der **Sommerefeu** reagiert empfindlich auf direkte Sonneneinstrahlung und benötigt zumindest in den heißen Stunden des Tages etwas Schatten. Sonst ist mit Blattverbrennungen und Sonnenbrand zu rechnen, ganz besonders, wenn die Pflanzen unregelmäßig gegossen werden. Eingetrocknete Blätter oder Triebe sollten in diesem Fall entfernt werden, um *Botrytis* oder Fäulnis zu verhindern. Selbst auf einem Schattenbalkon würde der Sommerefeu noch sehr gut zurechtkommen. Dies könnte man einem **Ziertabak** nicht zumuten. Dennoch kann auch ihm etwas Sonnenschutz in den Mittagsstunden einige Stresssituationen ersparen. Besonders die großblättrigen Tabaksorten neigen bei starker Sonneneinstrahlung zum plötzlichen Welken. Meist sind die feinen Saugwurzeln nicht in der Lage, ausreichend Wasser nach oben an die Blätter weiterzugeben. Der Ziertabak blüht ohne größeren Pflegeaufwand den ganzen Sommer über. Ein »weiches« Zurücknehmen der Blütenstiele nach der ersten Hauptblüte ist sicherlich vorteilhaft und fördert die weitere Blütenentwicklung.
Dies gilt auch für den **Elfensporn.** Oft genügt es hier, die älteren Blütenrispen herauszuschneiden. **Stehendes Männertreu, Elfensporn** und die **Fächerblume** reagieren allesamt sehr empfindlich auf Staunässe. Gemeinsam bevorzugen sie ein leicht saures Pflanzsubstrat. Bei Verwendung von hartem, kalkreichem Gießwasser und unzureichender Ernährung besteht durchaus die Gefahr, dass der pH-Wert in der Pflanzerde zu hoch ansteigt. Dies führt unweigerlich zur Eisenunterversorgung der Pflanzen, optisch erkennbar an den typisch gelben Blattaufhellungen. Deshalb regelmäßig physiologisch sauer wirkenden Volldünger oder einen Spezial-Eisendünger verabreichen. Eisenchlorosen lassen sich damit sowohl vermeiden als auch wieder beheben.

Absolut lazy – pflegeleichte Kübelpflanzen

Sie wollen viel Gartenvergnügen und wenig Arbeit? Kein Problem! Mit Pflanzen wie Hanfpalme, Zwergorange und Gewürzrinde werden Sie viel Freude bei minimalem Pflegeaufwand haben. Es gibt sie wirklich, die idealen Kübelpflanzen, dankbar und genügsam. Unter Beachtung einiger Grundregeln kann man sich jahrelang an ihnen erfreuen.

Trotz Berufstätigkeit und Mangel an Zeit wollen immer mehr Menschen ihr eigenes kleines Gartenparadies. Oft bleibt für die Pflege nur das Wochenende oder die kurze Zeit nach Arbeitsschluss. Die Lösung heißt: Suchen Sie einfach die Pflanzen nach Ihren ganz speziellen Bedürfnissen aus. Pflegeleichte Gewächse wie Keulenlilie, Buchsbaum und Eisenholzbaum werden Sie auch für wenig Zuwendung belohnen. Genauso wie die meisten Bambusse, wenn man ihnen nur ausreichend Platz und Feuchtigkeit bietet. Für zusätzliche Farbtupfer sorgen schöne Kästen mit gefüllten Hänge-Pelargonien, die nach Bedarf umgestellt werden können. So finden Sie auch bestimmt noch die Zeit für Mußestunden auf dem Deck-Chair.

1. **1 x Schirm-Bambus *(Fargesia murieliae)*, z. B. 'Jumbo'**
2. **1 x Oleander, leuchtend rot *(Nerium oleander)*, z. B. 'Ville de la Londe'**
3. **1 x Calamondin- oder Zwergorange (× *Citrofortunella microcarpa)***
4. **1 x Hanfpalme *(Trachycarpus fortunei)***

Was Sie brauchen

5 **2 x Buchsbaum als Kegel** ***(Buxus sempervirens)***

6 **1 x Wandelröschen, rot-gelb** ***(Lantana camara)*, z. B. 'Schloss Ortenburg'**

7 **1 x Eisenholzbaum** ***(Metrosideros excelsa)***

8 **6 x Hänge-Pelargonien, kirschrot, gefüllt** ***(Pelargonium peltatum)***

9 **1 x Keulenlilie** ***(Cordyline australis)***

10 **1 x Indisches Blumenrohr** ***(Canna indica)*, z. B. 'Picasso'**

11 **1 x Gewürzrinde** ***(Senna* [Syn.: *Cassia*] *corymbosa)***

Wie Sie pflanzen

Nicht alle Bambusse eignen sich für Kübelkultur, erkundigen Sie sich zuvor bei einer Spezialgärtnerei. Bambusse mit ausläufertreibenden Rhizomen sind zum Teil sehr starkwüchsig. Der **Schirm-Bambus** hat hingegen horstbildende Rhizome und eignet sich als Kübelpflanze deutlich besser. Stellen Sie Ihren Bambus im Kunststoffcontainer in einen (einige Zentimeter größeren) schönen Übertopf. Dies verhindert, dass sich die Wurzeln zu sehr aufheizen. Der Schirm-Bambus kann sowohl sonnig als auch schattig stehen. Als Substrat für Bambusse empfiehlt der Fachmann lehmig-humose Erde mit Sand, Rindenmulch, Steinmehl und Tongranulat.

Zwergorange und **Oleander** lieben es sonnig und brauchen viel Wasser.

Hanfpalme und **Indisches Blumenrohr** pflanzen und pflegen Sie wie auf Seite 66 beschrieben. Setzen Sie beide nicht zu starkem Wind aus, da die Blätter sonst Schaden nehmen können. Den immergrünen **Eisenholzbaum** mit weißfilzigem Laub und schönem rundlichem Wuchs pflanzen Sie in leicht saure, lehmig-humose Erde und stellen ihn in die Sonne. Auch ohne Blüten ist er hübsch anzuschauen und dabei sehr robust.

Das **Wandelröschen** und die beiden **Buchsbäume** werden regelmäßig entspitzt. Die yuccaartige **Keulenlilie** hat anfänglich nur einen Stamm, verzweigt sich aber mit der Zeit. Bis zur ersten, ebenfalls yuccaähnlichen Blüte dauert es einige Jahre. Pflanzen Sie sie in lehmig-humose Erde in sonnige Lage.

Die **Pelargonien** bevorzugen einen warmen Platz und sollten nur mäßig gegossen werden. Ein dankbarer Dauerblüher ist die **Gewürzrinde** mit ihren unzähligen gelben Blüten und dem filigranen gelbgrünen Laub. Stellen Sie diese schmucke Pflanze warm und sonnig, und verwenden Sie gut durchlässiges und strukturstabiles Kübelpflanzensubstrat.

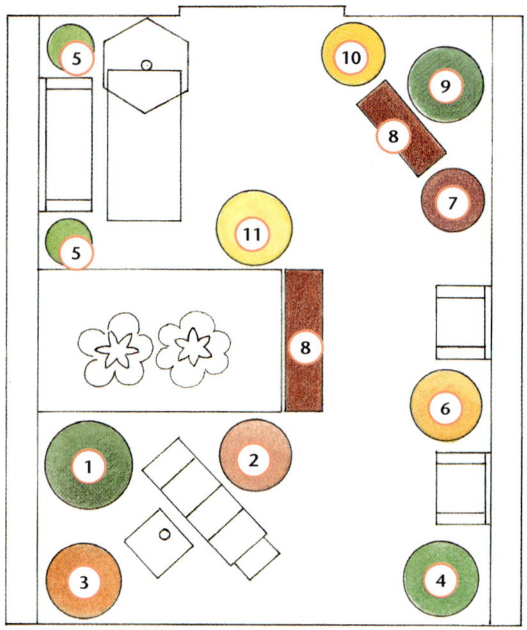

Pflanzplan zur Gestaltung Seite 56/57, Terrasse mit 8 x 6 m

Wie Sie pflegen

Bambus im Kübel will gut versorgt sein, da er zwar sehr durstig ist, aber die Rhizome der Blattschönheiten keine Staunässe vertragen. Wässern und düngen Sie reichlich und vergessen Sie die Drainage nicht. Wöchentlich düngen, für Bambuse gibt es mittlerweile Spezialnahrung. Eingerollte Blätter sind kein Grund zur Sorge, sondern lediglich ein Schutzmechanismus, um zu starke Austrocknung zu verhindern. Überwintern Sie sie hell und frostfrei bei 0–10 °C bzw. gut eingepackt an einem geschützten Platz auch draußen. Gegossen werden muss auch im Winter! Geschnitten bzw. ausgelichtet werden kann nach Bedarf im zeitigen Frühjahr.

Der **Eisenholzbaum** bekommt so gut wie nie Schädlinge und braucht reichlich kalkfreies Wasser. Alle zwei Wochen mit Rhododendrondünger versorgen. Er verzweigt sich gut und wird ganz von alleine schön buschig, ist aber auch sehr schnittverträglich. Hell, luftig und relativ trocken bei 5–15 °C überwintern.

Die **Keulenlilie** regelmäßig gießen und den Ballen nie ganz austrocknen lassen, da sich sonst braune Blattspitzen bilden. Alle zwei Wochen düngen und hell bei 5–10 °C überwintern.

Die **Gewürzrinde** blüht verschwenderisch, doch sollte man Verwelktes auch regelmäßig ausputzen. Reichlich gießen und auf keinen Fall austrocknen lassen. Genauso übel wird Staunässe genommen, darum mit sehr durchlässigem Substrat vorsorgen. Von Mitte April bis in den August wöchentlich düngen, die Produktion der goldgelben Blütenrispen kostet schließlich Kraft. Jungpflanzen mehrmals stutzen, um die Verzweigung zu fördern. Ein Verjüngungsschnitt kann im zeitigen Frühjahr erfolgen. Hell bei 5–10 °C überwintern.

Solch ein Prachtexemplar von Oleander entwickelt sich vorzugsweise an überdachten, warmen, aber luftigen Plätzen.

Ein Hauch von Griechenland

Mit dieser Gestaltung können Sie Ihren Garten in Urlaubsstimmung versetzen. Wer kennt sie nicht, die Postkartenmotive der pittoresken griechischen Inselwelt. Weiß gekalkte Wände, knallblaue Stühle und auf dem Tisch eine rot-weiß karierte Tischdecke, die zu Bauernsalat und kräftigem Wein einlädt. Weiß lässt Farben leuchten! Streichen Sie die ungeliebte Garagenwand neu, schleifen Sie die alten Küchenstühle ab und zaubern Sie sich Ihre ganz persönliche blau-weiße Idylle. Die Pergola am Sitzplatz, Haustür oder Fensterläden in griechischem Blau sind Blickfänger. Versuchen Sie als Blütenfarbe dazu ein kräftiges, leuchtendes Pink oder Rosalila oder aber ein klares, reines Rot.

So wird Ihre Terrasse zur dauerhaften Urlaubserinnerung:

- Hölzer (Möbel, Verkleidungen, Rankgerüste, Fenster, Türen) azurblau streichen.
- Hauswände, Mäuerchen, Treppen, Bodenbeläge und Accessoires (z. B. größere Steine) und einige Pflanzgefäße wählen Sie in Weiß.
- Als Töpfe und Kübel eignen sich hervorragend schlichte Terrakottagefäße, vor allem Amphoren und Töpfe mit Mäandermuster.

1 **1 x Zitrone *(Citrus limon)***

2 **1 x Mönchspfeffer *(Vitex agnus-castus)***

3 **1 x Oleander, pink *(Nerium oleander)*, z. B. 'Maravenne'**

Was Sie brauchen

4 1 x Costa-Rica-Nachtschatten *(Solanum wendlandii)*

5 1 x Mastixstrauch *(Pistacia lentiscus)*

6 2 x Hänge-Pelargonie, weiß, gefüllt *(Pelargonium peltatum)*

7 3 x Stehende Pelargonie, pink, gefüllt *(Pelargonium × hortorum)*

8 2–3 x Brautmyrte, noch kleine Pflanzen *(Myrtus communis)*

9 2 x Olivenbaum, noch kleine Pflanzen *(Olea europaea)*

10 2 x Mini-Röschen, weiß (z. B. *Rosa* 'Little White Pet')

11 1 x Strauchmargerite, weiß *(Argyranthemum frutescens)*

12 1 x Apfelminze, panaschiert *(Mentha suaveolens* 'Variegata')

13 1 x Orangenblume, Jungpflanze *(Choisya ternata)*

Wie Sie pflanzen

Die beste Voraussetzung für einen Sitzplatz mit Griechenland-Flair ist eine weiß gestrichene Wand oder auch ein Mäuerchen als Hintergrund für die leuchtenden Blütenfarben und die blauen Accessoires.
Den Logenplatz, möglichst regengeschützt, warm und sehr sonnig, geben Sie dem **Oleander.** Er wird es Ihnen mit üppiger Blüte danken.

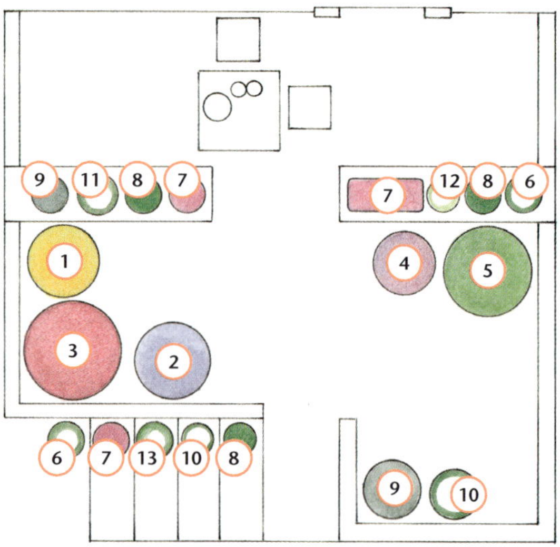

Pflanzplan zur Gestaltung Seite 60/61, Terrasse mit 7 x 7 m

Die **Zitrone** kann ein recht stattlicher Busch werden, die Zweige sind ausladender als bei den kompakteren Orangenbäumchen. Gönnen Sie dieser Pflanze viel Platz und achten Sie auf einen windgeschützten, sonnig-warmen Standort. Zitronen brauchen neutrale bis leicht saure, lehmig-humose Erde mit Sandanteil.
Der kletternde **Costa-Rica-Nachtschatten** blüht – genau wie der **Mönchspfeffer** – auch an nicht vollsonnigen Plätzen ohne Unterlass und wächst rasch zu voller Schönheit heran.
Der dekorative, immergrüne **Mastixstrauch** dagegen lässt sich Zeit, um seine Endgröße – im Kübel gute 2 m – zu erreichen. Reich verzweigt und mit gefiedertem, aromatischem Laub ist er von Anfang an eine Zierde und hat gerne ein Substrat mit sehr gutem Wasserabzug. Mischen Sie einfach Quarzsand oder etwas feinen Kies unter.
Orangenblume, Brautmyrte, Olive und **Strauchmargerite** verwenden Sie als Jungpflanzen. Mehrere davon in kleineren Töpfen gruppiert und auf einer niedrigen Mauer oder entlang einer Treppe aufgestellt, verbreiten südländischen Charme. Dazu gesellen Sie die **Mini-Röschen.**
Hängende und stehende **Pelargonien** in Pink und Weiß sorgen für langen Blütenflor. Sie bevorzugen mäßige Ballenfeuchte. Welke Blütenstände regelmäßig ausbrechen.
Minze, Orangenblume, Myrte, Mastixstrauch und Zitrone verbreiten aromatische Düfte, die Zitrone fruchtet die ganze Saison über.

Wie Sie pflegen

Der **Mastixstrauch** verträgt viel Trockenheit. Gießen Sie mäßig und düngen Sie nur wenig. Staunässe auf jeden Fall vermeiden. Frostverträglich bis –5/–10 °C. Überwinterung hell, bei 0–10 °C; nur sparsam gießen.

Den pflegeleichten **Mönchspfeffer** schneidet man erst im Winter, da die schönen Blütenrispen von August bis Oktober erscheinen. Mäßig gießen, hell oder dunkel bei 5–15 °C überwintern.

Der **Costa-Rica-Nachtschatten** sollte in den ersten Jahren immer wieder kräftig geschnitten werden; die Blüte beeinträchtigt das kaum. Als Kletterhilfe kann ein Spalier oder eine Pergola dienen. Gießen Sie reichlich und düngen Sie wöchentlich. Bei 5 °C luftig, dunkel und möglichst trocken überwintern, zuvor stark zurückschneiden. Ab Anfang März heller stellen.

Die **Zitrone** nicht zu viel und nicht zu wenig mit weichem Wasser gießen. Standortwechsel, Staunässe oder zu wenig Helligkeit können Laubabfall bewirken. Wöchentlich flüssig düngen, am besten mit speziellem Zitrusdünger für niedrigen pH-Wert. Überwinterung hell und luftig bei 5–15 °C.

Den immergrünen **Oleander** reichlich gießen, an heißen Tagen mehrmals täglich. Wöchentlich kräftig flüssig düngen. Luftig, hell und kühl (5–15 °C) oder dunkel und kalt (bis 5 °C) überwintern und nur noch sparsam gießen.

Sirtaki-Feeling und Urlaubsstimmung werden beim Anblick blauer Fensterläden und blühender Bougainvilleen wach.

Die **Strauchmargerite** muss reichlich gedüngt werden. Welke Blüten putzt man regelmäßig aus, damit neue Knospen durchtreiben.

TIPP

Ganz typisch für Griechenland ist Thymian, als meist niedriges Sträuchlein mit wolligem Laub. Er dient zur Honiggewinnung und als Speisewürze. Im Topf sieht er schön aus, duftet, blüht, schmeckt lecker und ist vollkommen winterhart. Es gibt ihn in zahlreichen schönen Sorten.

Tropenflair auf der Dachterrasse

Träumen Sie von den exotischen Pflanzen ferner Länder? Lieben Sie die leuchtenden Farben subtropischer Urwaldgewächse? Dann machen Sie aus Ihrer Dachterasse einen Dschungel inmitten der Großstadt!
Palmen, üppig blühende Kletttersträucher, Bananen und Indisches Blumenrohr sorgen für Tropenhelm-Stimmung fernab der brasilianischen Urwälder. Gelb, Rot, Orange und Violett bringen Farbe und Leben in das städtische Betongrau. Sagenhafte Blütenstände, riesige Laubwedel und Möbel im Kolonialstil machen das Bild perfekt. Das Tigerkissen – natürlich aus Kunstfell – und die afrikanische Skulptur, aus Ebenholz geschnitzt, versetzen Sie nach Feierabend in »Jenseits von Afrika«. Oder soll es lieber Bali sein, mit kunstvollen Tempelschirmchen in Türkis, Gold und Hibiskusrot? Der Fantasie sind bei dieser Gestaltung keine Grenzen gesetzt. Exotische Accessoires bekommen Sie in Dritte-Welt-Läden und zwischen Paradiesvogelbusch und Korallenstrauch nimmt Ihr Fernweh klare Konturen an. Mit Kokosnuss und frischer Mango zum Frühstück wird das Wochenende perfekt!

1. **2 x Indisches Blumenrohr *(Canna indica)*, z. B. 'Rigoletto' und 'Goldrand'**
2. **1 x Zieringwer *(Hedychium gardnerianum)***

Was Sie brauchen

3 1 x Paradiesvogelstrauch
(Caesalpinia gilliesii)

4 1 x Hanfpalme
(Trachycarpus fortunei)

5 1 x St.-Vincent-Flieder
(Solanum seaforthianum)

6 1 x Engelstrompete, orange
(Brugmansia-Sorte), z. B. 'Apricot Queen'

7 1 x Japanische Faserbanane
(Musa basjoo)

8 1 x Veilchenstrauch
(Tibouchina urvilleana)

Wie Sie pflanzen

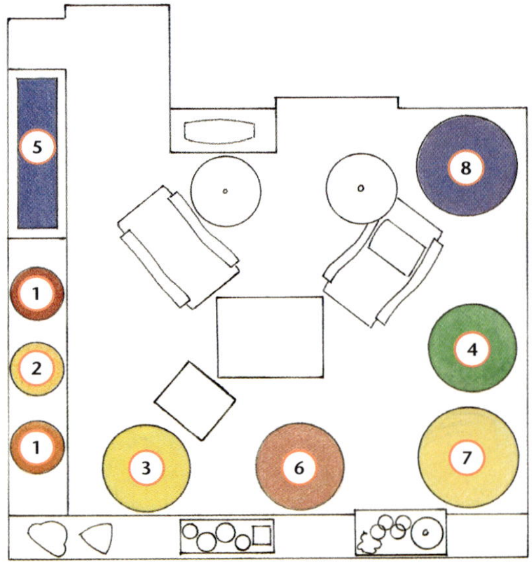

Pflanzplan zur Gestaltung Seite 64/65, Dachterrasse mit 5 x 6 m

Pflanzen Sie den **St.-Vincent-Flieder** in lehmig-humoses Substrat und leiten Sie den blauviolett oder purpur blühenden Schlinger an einem Spalier entlang. Dann kommen die hübschen Blüten des Sternkartoffelweines, wie er auch heißt, besser zur Geltung. Steht er warm, geschützt und hell bis sonnig, dann erfreut er mit dauerhafter Blüte bis in den Herbst.
Die prachtvolle **Paradiesvogelstrauch** müssen Sie auf jeden Fall in Blickrichtung platzieren. Ihr auffälliges Blattwerk und die exotischen gelben Blütentrauben wollen betrachtet werden. Warm, nein heiß und vollsonnig sollte sie in sehr durchlässigem Substrat stehen.
Zum exotischen Flair passt die **Engelstrompete** mit ihren riesigen Hängeblüten. Sie fühlt sich hell und windgeschützt in durchlässiger und nährstoffreicher Erde wohl und kann sich im Laufe der Jahre zu einem mannshohen Baum entwickeln, der entsprechend Platz benötigt.
Die **Japanische Faserbanane** hat einen rötlichen Stamm, wächst recht schnell und braucht lehmig-humosen Boden bei sonnigem Standort. Sehr exotisch wirkt sie in Kombination mit der **Hanfpalme.** Diese schöne und langsam wachsende Palme mit fast kreisrunden Wedeln sollte vor allem in der Jugend leicht schattiert stehen. Nicht gleich umtopfen, da Jungpflanzen empfindliche Wurzeln haben. Für später verwenden Sie entweder spezielle Palmenerde oder ein Gemisch aus Lehm, Torf oder Blumenerde und grobem Sand.
Den **Veilchenstrauch** pflanzen Sie in Einheitserde. Der **Hibiskus** blüht verschwenderisch und kann teetassengroße Blüten entwickeln. Hell, aber nicht in praller Sonne platzieren, dazu warm, luftig und vor Regen und Wind geschützt. Er braucht lehmig-humoses Substrat.
Das **Indische Blumenrohr** wird in gute, mit Humus vermischte Gartenerde gepflanzt, in sonnig-warmer und windgeschützter Lage. Der **Zieringwer** braucht durchlässiges, stets leicht feuchtes Substrat an einem Platz mit Morgen- oder Abendsonne.

Wie Sie pflegen

Über samtigem, fein behaartem Laub blüht der immergrüne Veilchenstrauch wunderbar. Er muss regelmäßig entspitzt werden, sonst wächst er sparrig.

Den **St.-Vincent-Flieder** gießen Sie reichlich, düngen wöchentlich und räumen ihn erst spät ein, er verträgt leichten Nachtfrost. Bis auf einige Leittriebe zurückschneiden und hell oder dunkel und trocken bei 5–10 °C überwintern.
Den pflegeleichten **Paradiesvogelstrauch** müssen Sie reichlich gießen, da er ansonsten seine prächtigen Blätter abwirft. Wöchentlich düngen und als Jungpflanze mehrfach zurückschneiden, um eine bessere Verzweigung und üppige Blüte zu erzielen. Hell bei 5–15 °C, nach Blattabwurf auch dunkel überwintern und nur noch sporadisch gießen.

Die **Engelstrompete** braucht viel Wasser und Volldünger, der ab August reduziert wird. Anfang November schneiden Sie sie auf ca. 1 m Höhe zurück und überwintern sie hell oder dunkel bei 5–10 °C. Nicht ganz austrocknen lassen.
Auch die **Banane** ist ein Starkzehrer, sie braucht wöchentliche Düngung und konstante Feuchtigkeit, aber keine Staunässe. Weiches Wasser verwenden und für hohe Luftfeuchte sorgen. Beim Einräumen die Blätter abschneiden und bei 10 °C überwintern.
Die **Hanfpalme** nur mäßig, aber regelmäßig gießen. Öfter besprühen oder Blätter feucht abwischen. Spät einräumen und früh wieder hinausstellen, sie ist frostverträglich bis –15 °C! Dunkel und frostfrei oder hell und kühl überwintern, sehr wenig gießen.
Den **Hibiskus** täglich gießen, wöchentlich flüssig düngen und für hohe Luftfeuchte sorgen. Vermeiden Sie völliges Austrocknen genauso wie Staunässe, und stellen Sie die Pflanze knospig nicht mehr um. Hell bei 10–15 °C überwintern, sparsam gießen und im April schneiden.
Zieringwer und **Blumenrohr** reichlich gießen. Wenn das Laub erfroren ist, den Ingwer völlig abschneiden und trocken bei 5–10 °C überwintern. Beim Blumenrohr graben sie zusätzlich das Rhizom aus und lagern es dunkel in Sand oder Torf bei 10 °C. Ab März vorkultivieren.

Auf Sonnenfang mit gelben Blüten

Dieser Sitzplatz liegt mitten im Garten, und durch das leicht ansteigende Gelände hat man einen herrlichen Blick über die gesamte Fläche. Schon zum sommerlichen Frühstück kann man die aufgehende Sonne genießen, und selbst wenn der Himmel bedeckt ist, sorgen die Gelbtöne von Blättern und Blüten für einen sonnigen Eindruck.
Die ersten Blüten gibt es auf dem »Sonnenhügel« bereits im Frühling, wenn die Dichternarzissen blühen. Sie begleiten den malerischen Austrieb von Taglilien, Funkien, Nachtkerzen und Lampenputzergras. Zum Sommeranfang blühen gelbe Beetrosen. Wenn sie nach der ersten Blüte in der Wirkung etwas nachlassen, setzen die Dahlien ein und sorgen für einen neuen Höhepunkt, der bis zum ersten Nachtfrost anhält. Für Ruhe in dem Blütentreiben sorgen die Halbsträucher (also schwach verholzende Sträucher) des Heiligenkrautes mit silbrigem Laub und die linearen Strukturen des Lampenputzergrases.

1. **4 x Beetrose *(Rosa*-Hybride), gelb blühend, z. B. 'Friesia'**
2. **15 x Heiligenkraut *(Santolina chamaecyparissus)***
3. **2 x Lampenputzergras *(Pennisetum alopecuroides)***

Was Sie brauchen

4 12 x Nachtkerze *(Oenothera fruticosa* subsp. *glauca*, Syn.: *O. tetragona)*

5 12 x Frauenmantel *(Alchemilla mollis)*

6 9 x Taglilie *(Hemerocallis*-Hybride)

7 2 x Funkie *(Hosta*-Hybride), goldgelbe Blattzeichnung

8 6 x Dahlie *(Dahlia*-Hybride), gelb gefüllt blühend

9 80 x Dichternarzisse *(Narcissus poeticus)* – hier schon eingezogen

Wie Sie pflanzen

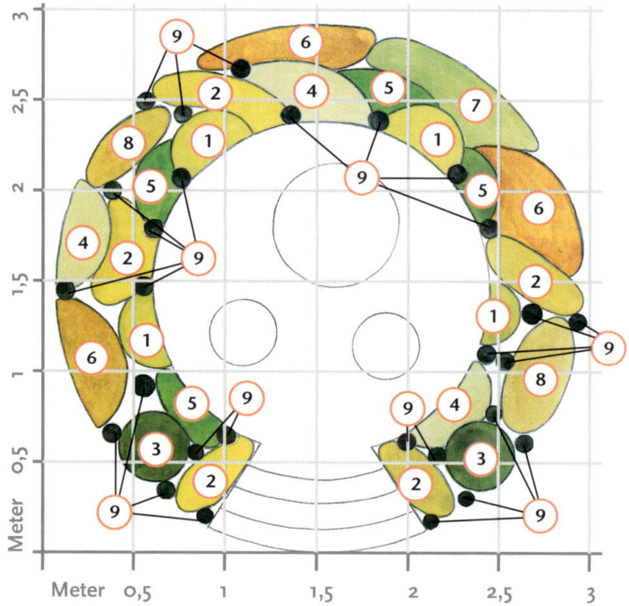

Pflanzplan zur Gestaltung Seite 68/69

Dieser Sitzplatz liegt leicht erhöht. Daher muss zunächst das Erdreich modelliert werden. Hat man gerade einen Teich angelegt, lässt sich der Aushub dazu verwerten. Wer nur wenig Erfahrung hat, sollte eine Fachfirma damit beauftragen, den Sitzplatz anzulegen, und nur das Pflanzen selbst übernehmen. Wichtig ist, dass der Boden fachgerecht dräniert und verdichtet wird. Außerdem müssen die Treppenstufen sicher verlegt werden. Man sollte anschließend direkt mit den Pflanzarbeiten beginnen, damit die Pflanzen bei stärkeren Regenfällen das Erdreich halten und es nicht abgeschwemmt wird.

Zwiebelblumen als Frühjahrsauftakt

Abgesehen von den **Dahlien** kann das Beet rund um den Sitzplatz im Herbst bepflanzt werden. Für die **Rosen** gräbt man tiefe Pflanzlöcher und verbessert den Boden mit reifem Kompost. Die gewässerten Rosen werden dann in das Loch gesetzt und Erde wird aufgefüllt. Damit sie den Winter über keinen Schaden nehmen, häufelt man sie mit überschüssigem Aushub an. Die Stauden legt man aus und pflanzt sie dann. Anschließend werden in den Lücken die Zwiebeln der **Dichternarzissen** gepflanzt. Sie sollten etwa 10 cm tief in die Erde kommen. Für die **Dahlien** wird die Pflanzstelle mit einem Stock markiert. Sie werden im Mai ergänzt.

> **TIPP**
>
> Verlegen Sie direkt nach der Pflanzung einen Tropfschlauch im Erdreich. Er sollte schlangenförmig zwischen den Pflanzen liegen, damit sie gut mit Wasser versorgt werden und der Boden beim Gießen mit dem Schlauch nicht abgeschwemmt wird.

Wie Sie pflegen

Im ersten Jahr

Wenn die Wintersaison vorbei ist, werden die **Rosen** abgehäufelt. Vorsicht, dass Sie dabei nicht die treibenden **Dichternarzissen** beschädigen. Gleichzeitig werden **Gräser** und trockene Staudentriebe entfernt. Etwas Dünger und eine Mulchschicht sorgen für einen guten Start. Im April kann man bereits die **Dahlien** kaufen und sie in Gitterkörben an der geschützten Hauswand vortreiben. Nur bei Nachtfrösten brauchen sie den Schutz eines Pappkartons. Im Mai werden die vorgetriebenen Dahlien in die Pflanzung gesetzt. Hat der **Frauenmantel** das erste Mal geblüht, so wird er zurückgeschnitten. In wenigen Wochen entwickelt sich der frische Austrieb. Im Herbst gräbt man die **Dahlien** vor dem ersten Frost aus und überwintert sie an einem kühlen, dunklen Platz (z. B. Keller).

Nach dem Einwachsen

Zum jährlichen Frühjahrsputz gehören der Rückschnitt der Stauden und der Rosenschnitt. Gleichzeitig düngt man die Pflanzung und erneuert bei Bedarf die Mulchschicht. Wenn das **Heiligenkraut** vergreist, schneidet man es nach der Blüte im Juli kräftig zurück. Es treibt neu aus, und die Triebe können noch vor dem Winter ausreifen, sodass sie bei Kälte keinen Schaden nehmen. Die **Taglilien** benötigen alle fünf Jahre eine Teilung. Werden sie schon früher zu dicht und blühfaul, kann man diesen Zeitpunkt auch vorverlegen. Ebenso sollte man die **Funkien** im Auge behalten und sie teilen, wenn sie sich zu stark ausbreiten.

Zwischen den gelben Rosen kann man gute Laune tanken. Dieses Eckchen wird gewiss bei allen beliebt sein.

Was Sie auch nehmen können

statt (3) **2 x Reitgras *(Calamagrostis × acutiflora)*, straff aufrechtes Gras mit schöner Herbstfärbung**

statt (5) **12 x Schwefelgelbes Mädchenauge *(Coreopsis*-Hybride 'Moonbeam'), ab Ende Juli duftige Wolken mit hellgelben Blüten, 40 cm hoch.**

Ein blumiger Garten(t)raum für jedes Wetter

Ein romantisches Gartenhaus gehört zu den aufwändigsten, aber auch dauerhaftesten und vielseitigsten Sitzplätzen. Es ist ein eigener Gartenraum, der den Gartengenuss auch an trüben Tagen und kühlen Abenden möglich macht und der mit einer Beheizung sogar in der kalten Jahreszeit genutzt werden kann. Dieser Pavillon ist durch eine üppige Bepflanzung mit Sträuchern und Stauden blumig eingerahmt und lässt sich leicht in die Gartensituation einfügen. Zudem versteckt sich die Fassade in den Ranken der Kletterrose. So bleibt er eine Oase, in der man den Alltagsstress schnell vergisst. Zugleich wirkt das Gartenhaus nicht dominant. Ein Podest am Eingang des Holzpavillons bietet die Möglichkeit, an sonnigen Tagen unter freiem Himmel zu sitzen. Für eine kurze Pause während der Gartenarbeit kann man sich auch einfach auf die Stufen setzen. Töpfe mit Strauchmargeriten und duftenden Vanilleblumen unterstreichen diesen kleinen Platz.

Was Sie brauchen

1. **2 x Kletterrose *(Rosa*-Hybride), mehrmals blühend**
2. **5 x Gartenhortensie *(Hydrangea macrophylla)*, rosa blühend**
3. **2 x Strauchmalve *(Lavatera olbia)*, im Bild nicht sichtbar**

4 **24 x Sommersalbei**
(Salvia nemorosa)

5 **2 x Kleinblättriger Flieder**
(Syringa microphylla)

6 **10 x Polsterthymian**
(Thymus serpyllum)

7 **12 x Duftwicke**
(Lathyrus odoratus)

8 **10 x Gelenkblume**
(Physostegia virginiana)

9 **2 x Strauchmargerite**
(Argyranthemum frutescens)

10 **2 x Vanilleblume**
(Heliotropium arborescens)

Wie Sie pflanzen

Ist der Pavillon aufgestellt, können Sie sich an die Bepflanzung der angrenzenden Beete machen. Dafür sollte der Boden zunächst mit der Grabegabel gelockert werden. Gleichzeitig kann man die Gartenerde mit reifem Kompost verbessern. Im Frühjahr spart man Zeit, wenn

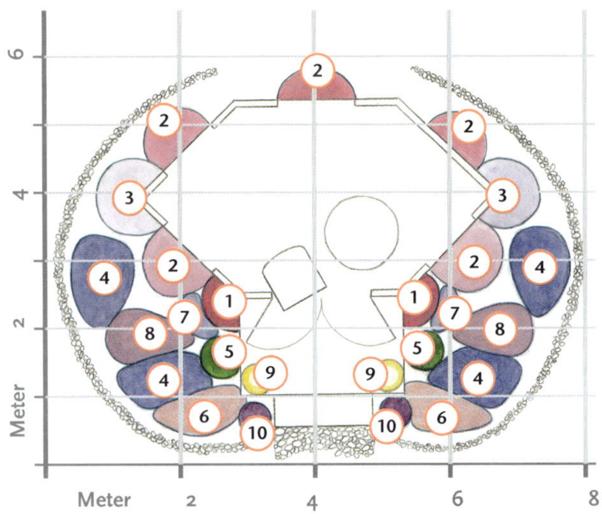

Pflanzplan zur Gestaltung Seite 72/73

man auch den Dünger in diesem Arbeitsgang einarbeitet.
Für die **Kletterrose** befestigt man neben der Eingangstür ein Seilsystem, das den Trieben Halt bietet. In Traufhöhe wird ebenfalls ein stabiler Draht angebracht, damit man die Rose wie eine Girlande über den Eingang führen kann. Mit Kieselsteinen lässt sich die Kante zum Rasen gestalten.

Gehölze zuerst pflanzen

Wer im Herbst die Arbeiten bereits abgeschlossen hat, kann **Flieder** und **Kletterrosen** noch pflanzen. Anderenfalls werden sie wie die **Hortensien** im Frühling gesetzt. Die Stauden werden, wie im Pflanzplan gezeigt, ausgelegt und anschließend gepflanzt. Für die **Strauchmalve** steckt man gleich kräftige Staudenhalter in die Erde. So kann die Pflanze in diese hineinwachsen und die Stütze gleich verdecken.
Die **Duftwicken** sät man Ende April. Dazu die erbsengroßen Samenkörner in die Erde drücken und mit einem Weckglas abdecken. Dieses wird abgenommen, wenn die Keimlinge etwa zwei Blattpaare haben. Damit die Kletterpflanzen Halt finden, steckt man drei Bambusstäbe in die Erde und bindet die Spitzen zusammen. Nun eine Schnur spiralförmig zwischen den Bambusstäben spannen. Als Alternative kann man auch reich verzweigte Haselnussruten in die Erde stecken.
Die Töpfe werden nach den Eisheiligen mit **Strauchmargeriten** und **Vanilleblumen** bepflanzt und an ihren endgültigen Platz gestellt.

Wie Sie pflegen

Eine Krempe aus üppigen Rosenranken schmückt diesen Pavillon, der sich unter der dichten Bepflanzung versteckt.

Im ersten Jahr

Die Triebe der **Kletterrose** werden mit einer weichen Schnur am Seilsystem in die Höhe geführt. Die welken Blüten putzt man während des Sommers regelmäßig aus.
Die Stauden bekommen im Juni, wenn sie in voller Blüte stehen, eine zweite Düngergabe. Der **Sommersalbei** wird nach dem ersten Flor bodentief abgeschnitten, um eine zweite Blüte zu fördern. Achten Sie darauf, dass er jetzt nicht zu trocken steht. Im ersten Jahr kann man die treibenden **Gelenkblumen** entspitzen, solange noch keine Knospen sichtbar sind. So verzweigen sie sich und blühen schon im ersten Jahr recht üppig. Die **Strauchmargeriten** und **Vanilleblumen** müssen immer wieder ausgeputzt werden, damit sich neue Blütenknospen entwickeln. Gleichzeitig sollten sie regelmäßig mit Dünger versorgt werden.

Nach dem Einwachsen

Im Spätherbst werden die hohen Stauden zurückgeschnitten. Ebenso wird die **Kletterrose** grob ausgelichtet. Den Feinschnitt führt man erst im Frühjahr durch, wenn eventuelle Frostschäden deutlich sind. Mit einer Schicht aus Gartenhäcksel, Laub und Komposterde werden **Rosen, Strauchmalve** sowie **Hortensien** angehäufelt und die Pflanzung locker abgedeckt.
Wenn die Töpfe im Herbst geleert werden, kann man einige Tulpenzwiebeln hineinlegen, damit schon im Frühjahr am Pavillon etwas blüht.
Wenn die Stauden austreiben, wird der Winterschutz vorsichtig weggerecht. An den **Hortensien** dürfen nur verfrorene Triebspitzen entfernt werden, da sich die Blütenknospen am vorjährigen Holz bilden. Alle fünf Jahre sollte die **Strauchmalve** durch eine neue ersetzt werden.

Harmonie und Ruhe im Zeichen des Zen

Sie lieben fernöstliche Gartengestaltungen? Dann schaffen Sie sich doch so eine kleine Insel in Ihrem Garten. Versteckt hinter einem hohen Chinaschilf steht die Steinbank, die sich dezent zurückhält. Eine Ligusterhecke schirmt den Platz zu angrenzenden Grundstücken oder zu einem anderen Gartenraum ab.

Der Blick fällt von der Gartenbank auf den rotlaubigen Fächerahorn, der sich von dem Grün der Hecke gut abhebt. Die Atmosphäre lebt von einzelnen Pflanzen: Buchskugeln, Funkien und Lampenputzergras setzen sich in Szene. So schärft man den Blick für das Detail. Zudem werden neben den Augen auch die Ohren gefordert. Während jeder Windzug das Chinaschilf rascheln lässt, plätschert am Wasserspiel eine kleine Tropfenmelodie. Trittsteine im Rasen führen zu der Steinbank. Das Schöpfbecken und die Laterne unterstreichen die asiatischen Anklänge, ohne diesen Ort der Ruhe zu überfrachten.

1 **3 x Chinaschilf *(Miscanthus sinensis)***

2 **5 x Funkie *(Hosta*-Hybride), verschiedene Sorten**

Was Sie brauchen

3 1 x Fächerahorn
(Acer palmatum),
z. B. 'Atropurpureum'

4 1 x Lampenputzergras
(Pennisetum alopecuroides)

5 3 x Buchsbaum
(Buxus sempervirens), kugelig
geschnitten

6 15 x Liguster
(Ligustrum ovalifolium)

Wie Sie pflanzen

Vor der Pflanzung wird die Fläche aufgeteilt. Mit Bausand oder Steinen kann man die einzelnen Bereiche festlegen. Die Gestaltung lässt sich leicht vergrößern, indem man die **Chinaschilf**-Gruppe ausdehnt und einen weiteren Tuff mit **Lampenputzergras** oder **Funkien** einplant.

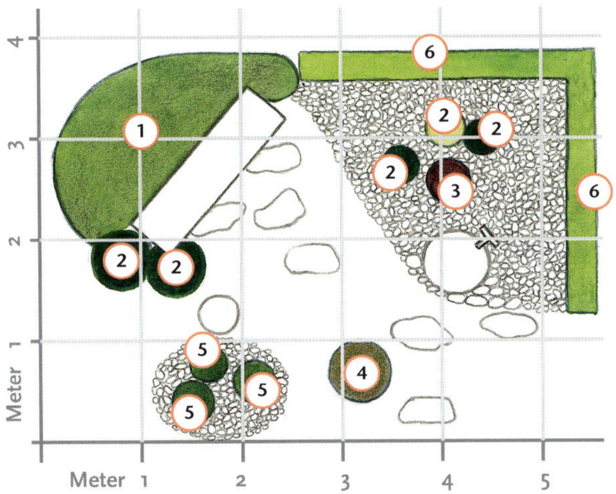

Pflanzplan zur Gestaltung Seite 76/77

Herbstpflanzung ist ideal

Im Herbst kann man bereits mit der Pflanzung der **Liguster**hecke beginnen. Dazu hebt man einen Graben aus, stellt die Pflanzen in regelmäßigen Abständen hinein und pflanzt sie. Für den **Fächerahorn** wird ein ausreichend großes Loch ausgehoben. Der Grund sollte mit der Grabegabel gelockert werden. Nun den Baum, der zunächst gewässert wurde, einsetzen und mit Erde auffüllen.

Anschließend kann man das **Chinaschilf** pflanzen. Es sollte gut mit Mulch abgedeckt werden, um es im ersten Jahr vor Frost zu schützen. Anschließend werden **Funkien, Lampenputzergras** und **Buchsbaum** gesetzt. Im Frühjahr wird dann der Rasen angesät. Dann werden auch Schöpfbecken und Steinlaterne platziert und der Kies ausgebracht.

TIPP

Verwenden Sie Rollrasen, um die Fläche zu begrünen. Zwar kostet es etwas mehr, aber der Sitzplatz macht gleich etwas her und es werden ohnehin nur wenige Quadratmeter benötigt. Die Trittsteine legt man auf den Rasen, schneidet den Umriss mit einem scharfen Messer ein und nimmt den Rasen auf. Nun wird mit der Handkelle etwas Erde ausgegraben und durch Verlegesand ersetzt. In diesen wird der Stein gelegt und festgestampft.

Wie Sie pflegen

Ein Wasserspiel unterstreicht das fernöstliche Flair. Im Blattwerk versteckt, überrascht es den Betrachter.

Im ersten Jahr

Der **Fächerahorn** muss bis zum Hochsommer regelmäßig gegossen werden, er braucht ausreichend Bodenfeuchte zum Anwachsen. Der **Liguster** sollte frühzeitig entspitzt werden, damit er sich verzweigt und dichtbuschig wächst. **Chinaschilf** und **Lampenputzergras** schneidet man im Frühjahr vor dem Austrieb zurück. Wenn die **Buchskugeln** ausgetrieben haben, werden sie mit der Heckenschere in Form gebracht. Die **Funkien** sind vor Schnecken zu schützen.

Nach dem Einwachsen

Die **Ligusterhecke** muss zwei Mal im Jahr (April und August) geschnitten werden. Ebenso die **Buchskugeln,** die nach dem Frühjahrsschnitt im Sommer ein zweites Mal in Form gebracht werden. Für diese Arbeit sollte es anhaltend trüb sein, da sonst die Buchsblätter leicht verbrennen. Am besten nimmt man hierfür einen Rasenkantenschneider.
Das **Chinaschilf** braucht im Frühjahr Dünger, damit sich die Triebe kräftig entwickeln. Ebenso wie das **Lampenputzergras** wird es erst im Frühling vor dem Austrieb zurückgeschnitten, um die schöne Winteransicht genießen zu können. Entwickeln sich die **Funkien** zu ansehnlichen, dicht belaubten Horsten, so sticht man ein Teilstück ab, ehe die Horste zu groß werden. Der Herbst ist dabei zu bevorzugen, da im Frühling der Austrieb leicht abbricht.

Was Sie auch nehmen können

statt (1) **3 x Bambus *(Fargesia nitida)*, immergrünes, verholzendes Gras, typisch für asiatische Gärten**

statt (4) **1 x Strauch-Pfingstrose *(Paeonia suffruticosa)*, große Blüten in Rosa, Rot, Weiß oder Gelb im April/Mai, langlebig, pflegeleicht**

statt (5) **3 x Japanische Azalee *(Rhododendron-*Hybride), niedrige immergrüne Polster, üppige Blüte im Mai in leuchtenden Rosatönen**

Eine romantische Gartenlaube

Unter dem Blätter- und Blütendach dieser Laube können Sie träumen, lesen oder die Schönheit eines sonnigen Tages genießen. Eine Hainbuchen-Hecke schirmt den Sitzplatz am Gartenrand ab, und die Eisenlaube sorgt für zusätzlichen Schutz. So bleibt der Sitzplatz schattig, und dank der Clematis hängt der Laubenhimmel den ganzen Sommer voller Blütensterne.

Die Gestaltung lebt von verschiedenen romantischen Rosatönen, die durch tiefe Burgunderfarben in Blättern und Blüten verstärkt werden. Im Frühsommer kommt die Schönheit in Schwung. Zwischen die rotbraunen Halbkugeln des Blumensedums mischen sich violetter Storchschnabel und schwarzrote Bartnelken. Im Juli gesellen sich die zahlreichen Malvenblüten sowie Dahlien dazu. Leichtigkeit verbreitet das duftige, bis zum Frost blühende Schleier-Eisenkraut, das über der Pflanzung zu schweben scheint, weil es immer wieder die Lücken füllt.

Was Sie brauche

1. **4 x Italienische Waldrebe, rosa oder purpur blühend *(Clematis viticella*-Hybride)**
2. **42 x Hainbuche *(Carpinus betulus)*, Jungpflanzen**

3 5 x Purpurglöckchen *(Heuchera micrantha)*, z.B. 'Palace Purple'

4 12 x Storchschnabel *(Geranium × magnificum)*

5 2 x Strauchmalve *(Lavatera olbia)*

6 8 x Dahlie *(Dahlia*-Hybride), z. B. rosa blühend mit dunkelrotem Laub

7 10 x Bartnelke *(Dianthus barbatus)*, schwarzrote Blüte

8 2 x Blutberberitze *(Berberis thunbergii* 'Atropurpurea Nana')

9 2 x Blumensedum *(Sedum telephium)*, z. B. 'Matrona'

10 12 x Schleier-Eisenkraut *(Verbena bonariensis)*

Wie Sie pflanzen

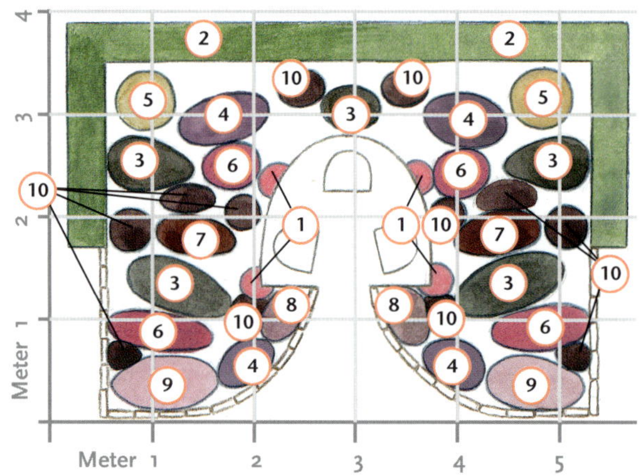

Pflanzplan zur Gestaltung Seite 80/81

Wenn die für diese Gestaltung ausgewählte Stelle in Ihrem Garten durch einen Zaun oder eine Sichtschutzwand abgegrenzt ist, kann man auf die Hainbuchen-Hecke verzichten. Zunächst wird die Eisenlaube fachgerecht im Boden verankert. Anschließend werden der Bereich innerhalb der Laube und der Zugang mit Klinkerpflaster befestigt. Dazu ist ein Unterbau notwendig.

Die Pflanzung

Im späten Herbst kann bereits die **Hainbuchen-Hecke** gesetzt werden. Alle anderen Pflanzen setzt man am besten im Frühjahr. Der Boden sollte für die Stauden gut gelockert und mit reifer Komposterde verbessert werden. Bei einer Frühjahrspflanzung kann man zusätzlich etwas Hornspäne in das Erdreich einarbeiten. Für die **Italienische Waldrebe** gräbt man tiefe Löcher etwa 30 cm von der Laube entfernt. Wässern Sie Erdreich und Pflanzen vor dem Setzen gründlich. Nun stellt man die Waldreben schräg zur Laube in das Loch. Dabei darf die Pflanze gut eine Handbreit tiefer in der Erde sitzen als im Topf.
Legen Sie die Stauden entsprechend dem Pflanzplan aus. Für die **Dahlien,** die erst nach den Eisheiligen ins Erdreich kommen, hält man ausreichend Platz frei. Damit es bis dahin nicht zu kahl aussieht, kann man hier vorgetriebene Tulpen eingraben. Nun werden alle Stauden und auch die **Blutberberitze** gepflanzt. An den Rändern versenkt man die Einfassungselemente aus Terrakotta.

TIPP

Schneiden Sie bei den Dahlien von Anfang an immer ein paar Blüten für Sträuße und Gestecke. So verzweigen sich die Pflanzen stärker, und die Neubildung von Blütenknospen wird angeregt.

Wie Sie pflegen

Im ersten Jahr

Binden Sie die Triebe der **Italienischen Waldrebe** möglichst waagerecht fest, um den Austrieb in den Blattachseln anzuregen und rasch einen verhüllten Pavillon zu erhalten. Die **Strauchmalve** sollte frühzeitig mit Bambusstäben gehalten werden, da sie dazu neigt, nach vorne überzukippen. Damit man auf die **Dahlien** nicht allzu lange warten muss, legt man die Knollen im April in große Töpfe. Diese werden geschützt aufgestellt und bei Nachtfrösten abgedeckt. Nach den Eisheiligen werden sie im Beet versenkt. Im Spätsommer schneidet man die **Blutberberitze,** damit sie eine kompakte, kugelige Form erhält. **Dahlien** werden vor dem ersten Frost ausgegraben und im kühlen Keller frostfrei überwintert.

Nach dem Einwachsen

Im Winter schneidet man die **Hainbuchen-Hecke** ein erstes Mal. Dabei werden die Triebe entspitzt. Im Frühling nach dem Austrieb werden die Triebe wieder geschnitten, damit die Einzelpflanzen in der Breite rasch zusammenwachsen. Auch die **Italienische Waldrebe** wird eingekürzt, wenn man im Frühjahr **Strauchmalve, Purpurglöckchen, Storchschnabel, Blumensedum** und **Schleier-Eisenkraut** vor dem Austrieb zurückschneidet.

Eine Mischung aus dichten, blumigen Trieben und der filigranen Eisenlaube legt sich schützend um den Sitzplatz.

Die zweijährigen **Bartnelken** müssen immer wieder nachgepflanzt werden. **Schleier-Eisenkraut** versamt sich von selbst. Das Beet sollte im Frühling und Frühsommer regelmäßig gedüngt werden.

Was Sie auch nehmen können

- statt (5) **je 3 x Rittersporn *(Delphinium*-Belladonna-Hybriden), hellblaue bis dunkelblaue Blüten, hohe Rispen, zweite Blüte im Spätsommer nach Rückschnitt möglich**
- statt (6) **je 2 x Sommerphlox *(Phlox paniculata)*, kräftige, 0,8 bis 1,2 m hohe Horste, rosa Blütenstände, duftend**
- statt (7) **je 3 x Marienglockenblume *(Campanula medium)*, rosa Glockenblüten, 0,8 m hoch, zweijährig**

Mit dem Flair des Südens

Der sommerliche Garten kann ganz schnell Urlaubsgefühle wecken: Man muss nur mit einigen typischen Gestaltungselementen spielen. Hier ist es die mit weißem Segeltuch bespannte Holzkonstruktion, die die Südterrasse angenehm schattiert. Außerdem erinnern die bequemen Korbmöbel sowie Kübelpflanzen und natürlich typisch mediterrane Gewächse an die entspannende Lebensart Südeuropas. Der Bodenbelag aus Kies knirscht unter den Füßen, als ob man über einen Strand läuft. Die Bepflanzung ist locker verstreut. Die Blütenstauden werden einzeln gepflanzt, sodass sich ein ganz natürliches Erscheinungsbild ergibt und so mancher Sämling im Laufe der Zeit für eine Überraschung sorgen kann. Küchensalbei, Steinnelke, Nachtkerze und Spornblume repräsentieren die südliche Flora. Der Polsterthymian schafft einen charmanten Übergang zum Kies, insbesondere wenn er seine Kissen im Sommer mit rosafarbenen Blüten schmückt.

1 **24 x Liguster** ***(Ligustrum ovalifolium)***

2 **5 x Prunkwinde** ***(Ipomoea purpurea)***

3 **2 x Lorbeer** ***(Laurus nobilis)***

Was Sie brauchen

4 1 x Kartoffelstrauch *(Lycianthes = Solanum rantonnetii)*

5 9 x Lavendel *(Lavandula angustifolia)*

6 24 x Polsterthymian *(Thymus serpyllum)*

7 4 x Küchensalbei *(Salvia officinalis)*, z. B. 'Berggarten'

8 6 x Katzenminze *(Nepeta × faassenii)*

9 6 x Blumensedum *(Sedum telephium* 'Herbstfreude')

10 5 x Steinnelke *(Lychnis coronaria)*

11 5 x Nachtkerze *(Oenothera fruticosa* subsp. *glauca*, Syn.: *O. tetragona)*

12 3 x Spornblume *(Centranthus ruber)*

Wie Sie pflanzen

Schon im Herbst kann man die Grundlage für diesen Sitzplatz legen. Die Pfosten für das Sonnensegel können mit Fundamenten in der Erde verankert, das Rankspalier kann gesetzt und die **Liguster**hecke gepflanzt werden. Dazu wird ein Graben entsprechend dem Pflanzplan ausgehoben, und die Heckenpflanzen werden in gleichmäßigen Abständen gesetzt. Bei der wassergebundenen Kiesfläche ist ein fachgerechter Unterbau wichtig. Planen Sie ein leichtes Gefälle von 2 bis 3 % ein, sodass Regenwasser problemlos in Richtung Beet abfließen kann. Das Sonnensegel lässt man sich in den Wintermonaten aus einem imprägnierten Gewebe anfertigen. Die Imprägnierung ist wichtig, damit sich bei andauernder Feuchtigkeit keine Algen bilden.

Eine kunterbunte Pflanzenmischung

Bei der Pflanzung des angrenzenden Beetes legt man die verwendeten Stauden aus und pflanzt sie anschließend. Die lockere Verteilung der verschiedenen Arten unterstreicht das südliche Flair des Sitzplatzes. Als Mulchmaterial kann Kies in einer dünnen Schicht verwendet werden. Die Töpfe werden erst nach den Eisheiligen bepflanzt. Verwenden Sie Kübelpflanzenerde, damit die Exoten nicht jedes Jahr umgetopft werden müssen. Es empfiehlt sich, die Prunkwinden, wie im Vorschlag auf Seite 34 beschrieben, vorzuziehen.

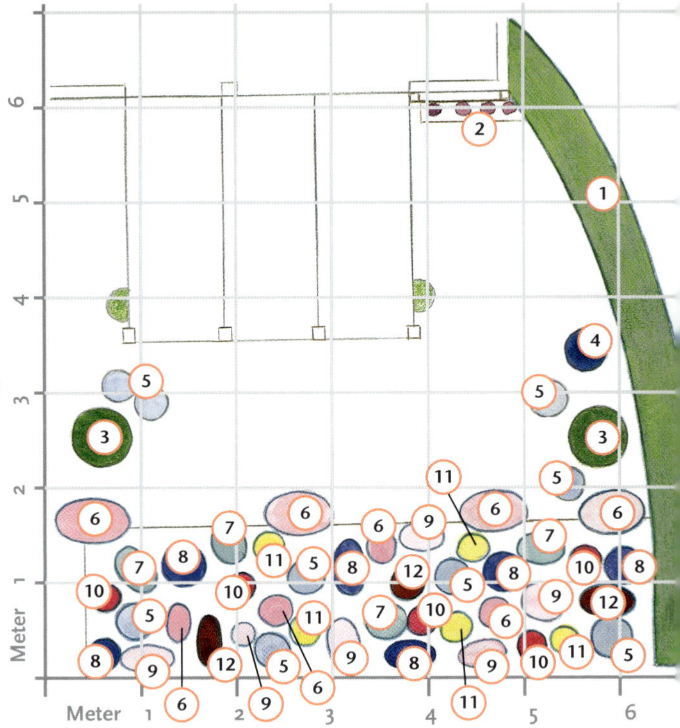

Pflanzplan zur Gestaltung Seite 84/85

TIPP

Ist der Bodenbelag fertig, graben Sie im Übergangsbereich zum Beet einige tiefe Pflanzlöcher. In diese setzen Sie zusätzlich noch Steinnelken oder auch Polsterglockenblumen. So ist der Beetrand aufgelockert und durch den Kies verwischt elegant die tatsächliche Grenze.

Wie Sie pflegen

Im ersten Jahr

Die **Liguster**hecke sollte regelmäßig gegossen werden. Im Frühling schneidet man die Triebspitzen ab, um eine rasche Verzweigung zu fördern.

Alle Stauden sind pflegeleicht. Es empfiehlt sich, die Blütenstände von **Spornblume** und **Steinnelke** bis zum Aussamen stehen zu lassen. So werden Lücken durch Sämlinge in den folgenden Jahren geschlossen. **Küchensalbei** und **Katzenminze** schneidet man nach der Blüte zurück, damit sie neu austreiben. Verblühte **Lavendel**blüten werden abgeschnitten. Statt eines Herbstputzes empfiehlt es sich, die Stauden im Beet erst im zeitigen Frühjahr zurückzuschneiden.

Durch die Kiesfläche führt ein Plattenweg, der diese strukturiert und eine Verbindung zu anderen Gartenräumen schafft.

Nach der Pflanzung

Lorbeer und **Kartoffelstrauch** müssen im Herbst in ein frostfreies Winterquartier. Erst im April können sie wieder ins Freie. Der **Kartoffelstrauch** wird dann kräftig zurückgeschnitten, damit er neu austreibt und eine vitale Krone bildet. Durch regelmäßiges Entspitzen der Triebe entsteht eine buschige Pflanze. Die **Liguster**hecke wird zwei Mal im Jahr (April/August) geschnitten. Vergreist der **Lavendel,** so schneidet man ihn nach der Blüte sofort kräftig zurück. Anschließend sollte er gut mit Wasser versorgt werden. Mit dem gleichen Prinzip kann man alte Pflanzen des **Küchensalbeis** verjüngen. Das **Blumensedum** sollte alle vier bis fünf Jahre geteilt werden. Grundsätzlich sollte man diese Pflanzung nur mäßig mit Nährstoffen versorgen. Es reicht aus, wenn man im Frühjahr den Kies aus den Zwischenräumen harkt, nach dem Rückschnitt reife Komposterde verteilt und den Kies frisch darüber verteilt.

Hecke und Trockenmauer

Auf einer niedrigen Mauer, zum Beispiel um einen Senkgarten oder an einem Treppenaufgang, kommt diese Bepflanzung gut zur Geltung. Es werden robuste Gehölze für einen sonnigen, eher trockenen Standort verwendet. Wuchtige Mauern werden durch eine üppige Bepflanzung überspielt, die Farbgebung ist fröhlich, aber unaufdringlich, es überwiegen Pink- und Gelbtöne. Beim Sommerflieder werden zwei verschiedene Sorten in unterschiedlichen Farben verwendet.

Im Frühling beginnt der Austrieb der Sträucher, der durch die verschiedenen Blattfarben und -formen interessant wirkt. Im Mai blühen Ginster und Blasenstrauch, gefolgt von der Borstenakazie. Im Hochsommer haben Blauraute und Sommerflieder ihren Auftritt und im Herbst bedeckt sich der Buschklee mit kräftig rosa Schmetterlingsblüten. Der Blasenstrauch ist ein echter Dauerblüher, er hält durch bis zum September und schmückt sich danach mit interessanten Papierfrüchten.

Was Sie brauchen

1. 2 x Borstenakazie *(Robinia hispida* 'Macrophylla')
2. 2 x Sommerflieder *(Buddleja davidii*, z. B. 'African Queen' und 'Peace')
3. 1 x Blasenstrauch *(Colutea arborescens)*
4. 2 x Buschklee *(Lespedeza thunbergii)*
5. 2 x Blauraute *(Perovskia abrotanoides)*
6. 1 x Purpurginster *(Chamaecytisus purpureus)*

Wie Sie pflanzen

Die Gehölze der Hecke sind in zwei Reihen so angeordnet, dass die höheren Sträucher in der hinteren Reihe stehen. In der vorderen Reihe sind **Buschklee**, **Ginster** und **Blauraute** gepflanzt. **Buschklee** und **Ginster** wachsen kriechend bis überhängend und können ihre Triebe auf diese Weise über die Mauer hängen. Die Blauraute steht als aufstrebendes Element zwischen den niedrigen Gehölzen. Da alle verwendeten Gehölze durchlässigen, eher leichten Boden benötigen, sollten Sie schweren Boden zunächst mit Sand abmagern. Mischen Sie die vorhandene Erde dazu gründlich mit einem viertel Sand.

Beim Pflanzen arbeiten Sie von hinten nach vorne, Sie beginnen also mit den höheren Sträuchern. Heben Sie Pflanzlöcher aus, die um die Hälfte tiefer und breiter sind als die Größe der Wurzelballen. Geben Sie etwas Volldünger in die Pflanzlöcher und füllen Sie etwas lockere Erde ein. Setzen Sie die Pflanzen hinein und füllen die verbliebenen Hohlräume mit Erde auf. Drücken Sie die Pflanzen dabei gut an. Pflanzen Sie nun die vordere Reihe. Die Gehölze sollten dabei auf Lücke gesetzt werden, das heißt, die vorderen kommen versetzt vor die hinteren. Auf diese Weise entsteht ein geschlosseneres Bild. Setzen Sie die überhängenden Sträucher relativ dicht an die Mauerkante, damit sie von Beginn an ihre Triebe über die Mauer legen können. Die beste Pflanzzeit ist das zeitige Frühjahr, auf diese Weise kommen die Gehölze noch im selben Jahr zur Blüte.

Pflanzplan zur Gestaltung Seite 88/89

TIPP

Eine Trockenmauer aus Granit oder Sandstein harmoniert besonders gut mit den Gehölzen dieses Pflanzvorschlags. Zusätzlich können Sie den Fuß und die Zwischenräume der Mauer noch mit Trockenheit vertragenden Stauden wie Polsterphlox, Blaukissen oder Spornblume bepflanzen.

Wie Sie pflegen

Der Elfenbeinginster *(Cytisus × praecox)* gedeiht gut auf durchlässigem Boden und schmückt sich im Frühling mit zahllosen Schmetterlingsblüten.

Die Pflege in den ersten Jahren
Gleich nach dem Pflanzen gießen Sie die Gehölze gründlich an. Außerdem werden alle Gehölze zurückgeschnitten. **Blauraute**, **Sommerflieder** und **Buschklee** können Sie radikal zurückschneiden, die anderen werden nur leicht zurückgenommen und ausgelichtet.
In den ersten Monaten, bis die Pflanzen gut eingewachsen sind, sollten sie bei Trockenheit gegossen werden. Mulchen Sie die Zwischenräume mit gut getrocknetem Rasenschnitt. Rindenmulch ist auch geeignet, sollte aber auf keinen Fall zu dicht aufgebracht werden.
Im ersten Winter nach der Pflanzung können Sie die **Blaurauten** durch eine lockere Laubschüttung am Fuß vor strengem Frost schützen.

Die Erhaltungspflege
Buschklee und **Blauraute** frieren im Winter häufig zurück. Dies ist aber nicht weiter tragisch, denn ein radikaler Rückschnitt bis ins alte Holz im zeitigen Frühling regt das Wachstum und die Blühfreudigkeit an. Auch nach einem milden Winter sollten Sie sie zurückschneiden. Der **Sommerflieder** wird ebenfalls im Frühjahr auf ein Drittel zurückgeschnitten, da dies die Blütenbildung fördert und die Sträucher sonst zu mächtig würden. **Blasenstrauch, Borstenakazie** und **Ginster** werden lediglich im Frühling ausgelichtet und etwas gekürzt, dies ist jedoch nur alle 2–3 Jahre nötig.

Was Sie auch nehmen können

statt (5) **2 x Elfenbeinginster *(Cytisus x praecox)* in rosa Tönen, blüht im April/Mai**

statt (4) **2 x Schweizer Felsenbirne *(Amelanchier ovalis)*, weiß blühend im April/Mai**

statt (5) **2 x Steppenmandel *(Prunus tenella)*, breitbuschig, im April/Mai rosa blühend**

Hohe zweireihige Hecke

Dieser Gestaltungsvorschlag benötigt viel Platz und ist daher für kleine Gärten nur bedingt geeignet. Die Hecke kann beliebig verlängert werden. Sie besteht aus zwei Reihen, die zueinander versetzt sind.
Diese Hecke bietet alles: lange Blütezeit, interessante Strukturen, Herbstfärbung und Fruchtbehang. Sie ist daher auch eine wertvolle Nahrungsquelle für Vögel.
Den Anfang der Blütezeit macht die Felsenbirne, schon vor dem Laubaustrieb schmückt sie sich mit weißen Blütentrauben. Bald darauf folgen die Zieräpfel, sie werden von den Blütenkaskaden des Goldregen abgelöst. Im Frühsommer fallen die Gehölze der vorderen Reihe in einen wahren Blütenrausch, und ab dem Spätsommer reifen die schwarzen Beeren der Felsenbirne heran. Im Herbst sitzen die Zieräpfel voll mit kleinen Äpfelchen, die lange haften bleiben. Und vor dem Laubfall trumpft der Ahorn mit seiner leuchtend roten Herbstfärbung auf.

1 **1 x Felsenbirne** ***(Amelanchier laevis)***

2 **2 x Raue Deutzie** ***(Deutzia scabra* 'Codsall Pink')**

Was Sie brauchen

3 **2 x Zierapfel**
*(Malus-*Hybride)

4 **1 x Falscher Jasmin**
*(Philadelphus-*Hybride)

5 **1 x Goldregen**
(Laburnum × watereri 'Vossii')

6 **1 x Kolkwitzie**
(Kolkwitzia amabilis)

7 **1 x Feuerahorn**
(Acer tataricum subsp. *ginnala)*

8 **1 x Blütenmispel**
(Cotoneaster multiflorus)

Wie Sie pflanzen

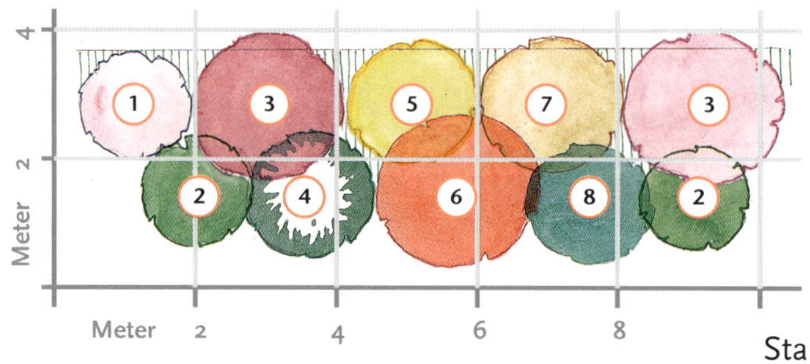

Pflanzplan zur Gestaltung Seite 92/93

Die Hecke wird in zwei versetzten Reihen gepflanzt, wobei die höheren Gehölze in der hinteren Reihe stehen, die niedrigeren in der vorderen. Sie können die Hecke bei Bedarf beliebig durch wiederholtes Pflanzen verlängern. Beginnen Sie beim Pflanzen mit der hinteren Reihe. Heben Sie Pflanzlöcher aus, die etwa um die Hälfte tiefer und breiter sind als die Wurzelballen der Gehölze. Achten Sie darauf, dass Sie nicht zu dicht pflanzen, sonst bedrängen sich die Sträucher nach einigen Jahren gegenseitig und können sich nicht in ihren typischen Wuchsformen entfalten. Die vorgestellte Hecke ist für eine Breite von etwa 10 Meter konzipiert.
Bei weniger Platz können Sie auch lediglich die vordere Reihe pflanzen, deren Sträucher sich durch besonderen Blütenreichtum auszeichnen.
In die Pflanzlöcher geben Sie reichlich reife Komposterde sowie ein wenig Volldünger als Starthilfe. Setzen Sie die Sträucher in die Pflanzlöcher und drücken Sie sie gut fest. Danach werden sie reichlich gewässert.
Bei der vorderen Reihe gehen Sie in der gleichen Weise vor. Achten Sie darauf, dass Sie die Pflanzlöcher versetzt zur hinteren Reihe ausheben. Schneiden Sie alle Gehölze um ein Drittel zurück, um einen kräftigen Austrieb anzuregen. Zwischen den Sträuchern bringen Sie eine Decke aus Rindenmulch aus.

TIPP

Wenn Sie eine solch hohe Hecke an der Grenze zum Nachbargrundstück pflanzen wollen, erkundigen Sie sich, wie groß der Abstand zur Grundstücksgrenze sein muss, um späteren Ärger zu vermeiden. Ihre Gemeinde gibt Ihnen dazu Auskunft.

Wie Sie pflegen

Die Pflege in den ersten Jahren

In den ersten 2–3 Jahren sollten Sie regelmäßig zwischen den Sträuchern mulchen, um aufkommendes Unkraut zu unterdrücken und um für eine gleichmäßigere Bodenfeuchte zu sorgen. Auch für eine gelegentliche Düngergabe sind die Pflanzen dankbar.
In längeren Trockenzeiten sollten Sie die Gehölze großzügig gießen, denn ihre Wurzeln haben sich noch nicht so weit entwickelt, dass sie an das Wasser in den tieferen Bodenschichten gelangen.
Schneiden Sie im zeitigen Frühling schwache Zweige heraus. Ansonsten sind in den ersten Jahren keine Schnittmaßnahmen nötig.

Eine Hecke mit Rotdorn *(Crataegus laevigata* 'Paul´s Scarlet') und Flieder *(Syringa vulgaris)* neigt sich malerisch über den Zaun.

Die Erhaltungspflege

Wenn die Gehölze größer und dichter zusammengewachsen sind, ist eine geschlossene Mulchdecke nicht mehr erforderlich.
Es ist aber trotzdem sinnvoll, im Herbst Falllaub zwischen den Sträuchern zu verteilen. Eine gelegentliche Gabe reifer Komposterde genügt als Dünger.
Die Sträucher der hinteren Reihe brauchen Sie überhaupt nicht zu schneiden. Die vorderen Gehölze werden alle 2–3 Jahre ausgelichtet, indem Sie die ältesten Zweige bis zum Boden herausschneiden. Dadurch wird ein gleichmäßiges Wachstum angeregt, und die Sträucher wachsen auch im unteren Bereich dicht. Falls Sie die eingetrockneten Fruchtstände der vorderen Blütensträucher stören, können Sie diese auch im späteren Sommer herausschneiden.

Was Sie auch nehmen können

- statt (1) **1 x Ölweide *(Elaeagnus multiflora)*, duftende Blüten im Mai**
- statt (2) **1 x Pflaumendorn *(Crataegus × persimilis)*, weiß blühend im Mai**
- statt (5) **1 x Blutpflaume *(Prunus cerasifera* 'Nigra'), rosa Blüten im April/Mai**

Hübscher Eingang zum Nutzgarten

Gemüse- und Kräutergärten werden gerne optisch vom Rest des Gartens getrennt. Neben dem bekannten Staketenzaun bietet sich dafür auch eine schlichte Schnitthecke an, die zudem ein geschütztes Mikroklima innerhalb der Umfriedung schafft.

Bei diesem Vorschlag wird für die Hecke nur eine Pflanzenart verwendet. Die Kornelkirsche wächst, wenn sie nicht geschnitten wird, im Laufe der Jahre zu einem hohen Strauch heran, sie lässt sich aber auch vorzüglich für eine Schnitthecke verwenden. Im März und April schmückt sie sich mit unzähligen kleinen gelben Blüten, die in Büscheln an den Zweigen sitzen. Nach der Blüte wird die Hecke blickdicht, gleichmäßig grünes Laub lässt das Dahinter nur noch erahnen.

Den Eingang zum Nutzgarten markiert ein Rankbogen, den Rosen und Clematis umspielen. Mit ihren bunten Blüten bringen sie im Sommer Farbe in die Hecke.

Was Sie brauchen

1. **20–30 x Kornelkirsche *(Cornus mas)* für 10 m Hecke**
2. **2 x Clematis *(Clematis*-Hybride)**
3. **2 x Kletterrose *(Rosa*-Hybride, z. B. 'New Dawn')**

Wie Sie pflanzen

Überlegen Sie zunächst, wie viele Meter Ihre Hecke lang werden soll. Pro Meter müssen Sie mit etwa drei Pflanzen rechnen.
Ist der Gemüsegarten in einer Ecke des Garten platziert und sind die Außengrenzen bereits mit Gehölzen bepflanzt? Oder soll der Gemüsegarten als »Garten im Garten« gestaltet sein, so dass Sie durch ihn hindurch in den nächsten Teil gehen können?
Als Erstes stellen Sie den Rankbogen an der vorgesehenen Stelle auf. Entweder setzen Sie ein Betonfundament oder Sie arbeiten mit langen Erddübeln, die den Bogen sicher in der Erde verankern.
Bei Schnitthecken wird für die Pflanzung ein Pflanzgraben in der entsprechenden Länge ausgehoben. Dieser sollte etwa um die Hälfte breiter und tiefer sein als die Wurzelballen der verwendeten Pflanzen. Arbeiten Sie großzügig Komposterde und etwas Volldünger in den Pflanzgraben ein, um den Pflanzen den Start zu erleichtern. Beim Pflanzen füllen Sie wieder lockere Erde auf und treten diese gut fest, um einen guten Wurzelanschluss an die Erde zu gewährleisten. Zum Schluss setzen Sie die Kletterpflanzen an den Rankbogen und binden die Triebe fest. Wässern Sie die Sträucher nach dem Pflanzen ausgiebig.

TIPP

Die Kornelkirsche ist unter den Schnitthecken etwas Besonderes, da sie auch bei strengem Schnitt zuverlässig blüht. Zudem ist sie preiswert. Nicht blühende Alternativen wären zum Beispiel Buche, Hainbuche oder Feld-Ahorn. Falls Sie Wert darauf legen, dass die Hecke immergrün ist, können Sie Lorbeerkirsche oder Eibe verwenden.

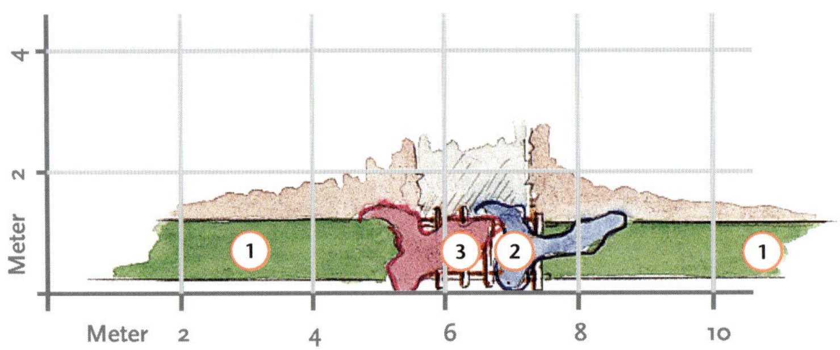

Pflanzplan zur Gestaltung Seite 96/97

Wie Sie pflegen

Die Pflege in den ersten Jahren

Direkt nach dem Pflanzen benötigen Schnitthecken einen ersten Erziehungsschnitt, damit sie gleichmäßig dicht wachsen. Dazu kürzen Sie alle jungen Triebe mit der Handschere um die Hälfte ein. Diesen Erziehungsschnitt führen Sie in den ersten drei Jahren zweimal jährlich durch.

Bis die Sträucher eingewachsen sind, müssen sie regelmäßig gegossen werden. Mulchen Sie zusätzlich die Zwischenräume, um die Erde besser feucht zu halten und um das Unkraut zu unterdrücken. Außerdem düngen Sie regelmäßig, am besten mit reifem Kompost.

Die Erhaltungspflege

Ab dem vierten Jahr führen Sie regelmäßig zweimal im Jahr einen Erhaltungsschnitt durch, um die Hecke in Form zu halten. Schneiden Sie die Hecke leicht konisch, also unten etwas breiter als oben, damit genügend Licht in den unteren Bereich kommt und die Hecke nicht von unten verkahlt. Die besten Zeitpunkte für den Schnitt sind Mai und September. In diesen Monaten besteht auch die Gefahr nicht, nistende Vögel bei der Brut und der Aufzucht ihrer Jungen zu stören.

Für Hecken bis 10 m Länge kommen Sie mit einer Handheckenschere gut zurecht, bei längeren Exemplaren lohnt sich die Anschaffung einer elektrischen Heckenschere auf jeden Fall. Eine mäßige Düngung mit reifer Komposterde ist auch weiterhin sinnvoll.

Feuerdorn *(Pyracantha*-Hybriden) blüht und fruchtet auch bei strengem Formschnitt reichlich.

Was Sie auch nehmen können

statt ① **20–30 x Feuerdorn *(Pyracantha*-Hybride), blüht im Mai weiß, auch bei Formschnitt; zusätzlich rote oder gelbe Früchte im Herbst**

statt ② **2 x Geißblatt *(Lonicera)*, Blütenfarbe abgestimmt auf die Kletterrosen**

Ein Garten im Werden

Wer ein Haus kauft oder baut und einen neuen Garten anlegt, hat häufig im ersten Jahr weder Zeit noch Geld, um konkrete Planungen zu verwirklichen. In diesem Fall können Frühlings- und Sommerblumen eine echte Lücke füllen und in wenigen Wochen den Garten schon in ein buntes Paradies verwandeln. Wer aber bereits genaue Vorstellungen von der zukünftigen Anlage hat, wird von Anfang an Solitärgehölze und Stauden pflanzen. Doch im ersten Vegetationsjahr ist der Zuwachs noch gering, deshalb sind auch hier die Einjährigen als kurzlebiger Schmuck eine große Hilfe. In diesem Beispiel wurde eine Kombination von Gelb- und Orangetönen mit Blau gewählt – Farben, die mit vielen Stauden harmonisieren.
Die noch fehlende räumliche Wirkung lässt sich rasch mit einjährigen Schlingern erzielen, die an schlichten Holz- oder Metallgerüsten und an Zäunen gezogen werden können. Später dienen sie als Rankhilfen für Rosen und ausdauernde Kletterpflanzen.

1. **5 x Wunderstrauch *(Ricinus communis)*, z. B. 'Carmencita Orange'**
2. **7 x Hohe Sonnenblume *(Helianthus annuus)*, gelb-braun**
3. **5 x Mexikanische Sonnenblume *(Tithonia rotundifolia)*, z. B. 'Fackel'**
4. **7 x Hoher Ziertabak *(Nicotiana sylvestris)*, weiß**

Was Sie brauchen

5 7 x Sommerzypresse *(Kochia scoparia)*, grün

6 50 x Sonnenhut *(Rudbeckia hirta)*, z. B. 'Marmalade'

7 30 x Mehlsalbei *(Salvia farinacea)*, z. B. 'Viktoria', blau

8 30 x Löwenmaul *(Antirrhinum majus)*, z. B. 'Sonnet Orange'

9 10 x Orangenschmuckkörbchen *(Cosmos sulphureus)*, z. B. 'Lichterfest'

10 50 x Leberbalsam *(Ageratum houstonianum)*, blau

11 100 x Studentenblume *(Tagetes patula)*, gelb

12 5 x Kaiserwinde *(Ipomoea tricolor)*, himmelblau

Wie Sie pflanzen

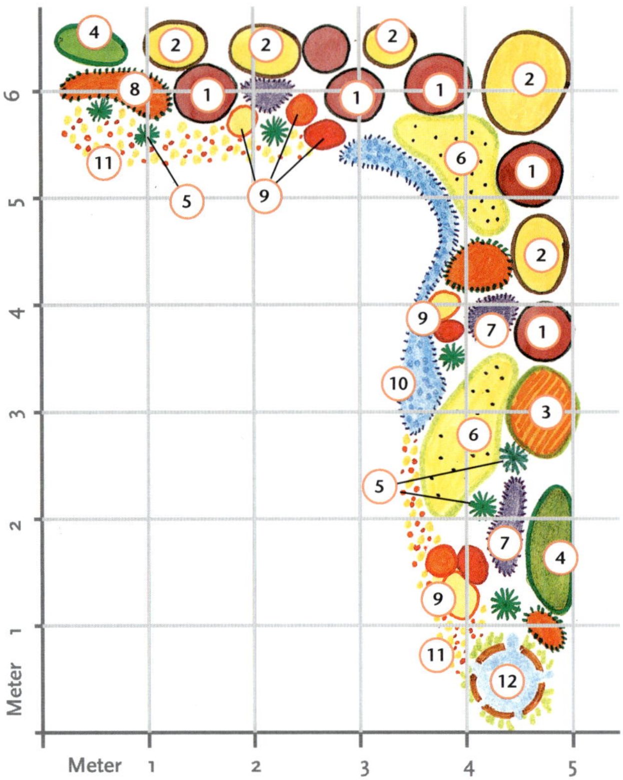

Pflanzplan zur Gestaltung Seite 100/101

Eine sonnige Rabatte, wie hier vorgeschlagen, kann sich entlang dem Zaun zum Nachbarn oder zur Straße hinziehen. Die Fläche kann auch um ein Vielfaches kleiner sein – in diesem Fall werden die Stückzahlen entsprechend verringert. Das Pflanzschema bleibt jedoch erhalten. Die hohen **Sonnenblumen** und der ausladende **Rizinus** bilden den üppigen Hintergrund, schirmen das Grundstück nach außen ab und schützen vor neugierigen Blicken. Auch *Tithonia*, um 150 cm hoch, wirkt mit ihrer dichten Belaubung als Sichtschutz. Der ca. 120 cm hohe weiße Ziertabak hat einen schlanken, aufrechten Wuchs und kann etwas dichter gepflanzt werden. Die **Sommerzypressen** entwickeln sich zu kompakten Büschen, die innerhalb der Gesamtpflanzung für eine Saison die Leitfunktion einer Solitärstaude übernehmen – sie werden als Erste gepflanzt und bilden im vorderen Teil der Rabatte, zwischen den teppichartig wachsenden, niedrigen *Tagetes* und dem **Leberbalsam**, Ruhepunkte fürs Auge. Orange, kniehoch werdende **Schmuckkörbchen** setzen dazwischen die leuchtende Akzente. **Rudbeckien, Löwenmaul** und **Salvien** stehen in größeren Pulks und vermitteln zwischen hohen und niedrigen Pflanzen, zwischen Vordergrund und Hintergrund. Als Blickfang können ein bis zwei oder mehrere Rankgerüste, je nach Größe des Gartens, die Funktion der noch fehlenden Bäume übernehmen. Kurzlebige Schlinger können direkt an Ort und Stelle gesät werden. Dies gilt auch für einige Sommerblumen-Arten – eine Alternative, um Pflanzungen preisgünstiger zu gestalten.

Wie Sie pflegen

Wer sich Zeit lassen will und seinem Garten langfristig einen Gefallen erweisen möchte, der plant sogar vor dieser Zwischenlösung mit den Sommerblumen noch eine Gründüngungsphase zur Bodenverbesserung ein. Dazu wird die gesamte Fläche nach der gründlichen Lockerung des Untergrundes mit einer bestimmten Art, beispielsweise **Lupine**, oder mit einer Mischung verschiedener geeigneter Pflanzen eingesät. Das sieht wochenlang sehr hübsch aus und fördert gleichzeitig die Bodengare. Auch die **Sonnenblumen** eignen sich hervorragend dazu. Ihre kräftigen Wurzeln reichen weit in die Tiefe und wirken sich dort positiv auf die Verdichtungen im Boden aus, wie sie häufig im Umfeld von Neubauten entstehen. Über Winter bleiben die Pflanzenreste liegen und schützen die Erde. Im zeitigen Frühjahr wird die Fläche nochmals umbrochen, das organische Material untergearbeitet und glattgerecht, damit man das Beet bepflanzen oder direkt Saatgut einbringen kann.

Jungpflanzen bzw. Saatgut müssen immer gleichmäßig feucht gehalten werden. Dabei entwickelt sich das Unkraut im Frühling oft überdurchschnittlich rasch, und man muss aufpassen, dass es nicht überhand nimmt. Am besten geht man häufiger mit dem Dreizahn durch die Rabatte und verhindert auf diese Weise schon die Keimung – das ist weniger mühsam als späteres Jäten. Sind die Pflanzen erst einmal zusammengewachsen, erübrigt sich diese regelmäßige Pflege und es genügt, zu wässern und unerwünschte, große Kräuter zu entfernen.

Sommerblumen – hier Zinnien und Sommerastern – wirken auch sehr schön, wenn man sie großflächig pflanzt oder direkt aussät. Dazu werden gern fertige Mischungen verwendet, die in ihrer Farbkomposition trotz aller Buntheit sehr harmonisch erscheinen.

Was Sie auch nehmen können

statt (12) Feuerbohnen *(Phaseolus coccineus)* säen

Statt einer differenzierten Pflanzung kann man auch fertige Blumen-Mischungen aussäen (preisgünstiger)

Frühlingsbeet unter Zierkirsche

Wer es ermöglichen kann, sollte im Frühjahr auf seiner Gartenbühne unbedingt auch einmal ein stimmungsvolles Schauspiel in zarten Pastelltönen inszenieren. Obwohl die Pracht nur kurze Zeit Bestand hat, so ist es ein unvergleichliches Erlebnis, wenn aus der malerischen Krone einer Zierkirsche zartrosa überhauchte Blütenblätter in den darunter liegenden Blumenteppich niederrieseln. Am Fuß des Baumes können sich auf Dauer blaue Hasenglöckchen ansiedeln. Sie setzen mit ihrer späteren Blüte im Mai zusätzlich Akzente. Dazwischen wachsen hellblaue Hornveilchen und erfreuen mit ihren zierlichen Blüten weit über den Frühling hinaus. Die restliche Fläche stellt ein Mosaik aus den unterschiedlichen Frühjahrsblühern dar. Die Übergänge zwischen den einzelnen Sorten sind jedoch fließend. Darin eingebettet zwei Inseln, über denen die Tulpenkelche schweben. Alle Zwiebeln werden bereits im Herbst gepflanzt. Dabei wurden die Tulpen tuffartig verteilt und ihre Blütenkelche schweben nun gleichsam über dem Blumenteppich.

1. **1 x Zierkirsche *(Prunus subhirtella)*, z. B. 'Accolade'**
2. **100 x Hasenglöckchen *(Hyacinthoides non-scripta)*; 30 x Hornveilchen *(Viola cornuta)***

Was Sie brauchen

3 50 x Tulpe *(Tulipa)*, z. B. 25 x 'Inzell', weiß, früh; 25 x 'White Triumphator', weiß, lilienblütig

4 50 x Tulpe *(Tulipa)*, z. B. 25 x 'Meißner Porzellan', rosa, früh; 25 x 'Marietta', pink, lilienblütig

5 50 x Vergissmeinnicht *(Myosotis sylvatica)*, blau

6 50 x Maßliebchen *(Bellis perennis)*, rosa

7 50 x Stiefmütterchen *(Viola × wittrockiana)*, weiß mit Auge

8 10 x Schöterich *(Erysimum*-Hybride), z. B. 'Bowles Mauve'

Wie Sie pflanzen

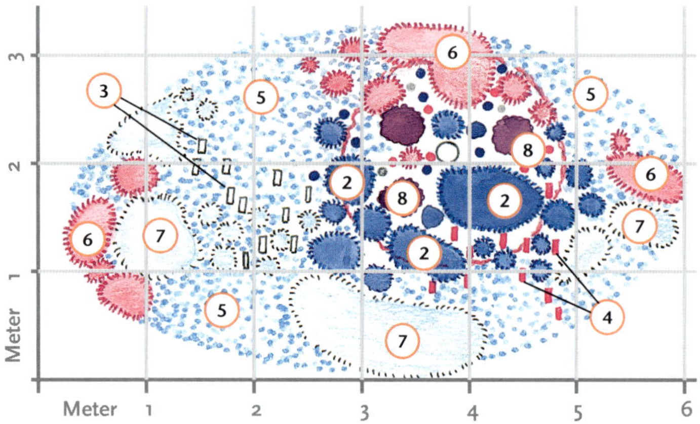

Pflanzplan zur Gestaltung Seite 104/105

Als langsam fließende Stickstoffquelle wird pro Quadratmeter eine Hand voll grober Hornspäne beigegeben.

Im Spätherbst werden die **Kleinzwiebeln** und **Tulpen** gepflanzt. Man mischt gern zwei Tulpen-Sorten einer Farbe, um die Blütezeit zu verlängern und um sich an den unterschiedlichen Formen zu freuen. Sind die Zwiebeln in großen Pulks inselförmig angeordnet, ist das Nachpflanzen der Blumen im Frühjahr leichter. Werden Zwiebeln und Blumen gleichzeitig im Herbst gesetzt, ist es hübscher, die Tulpen gruppenweise (ca. zehn Stück) in dem Blumenteppich zu verteilen.

Die Konturen eines frei gestalteten Inselbeets kann man mit Hilfe eines Gartenschlauchs abstecken. Durch die Biegsamkeit des Schlauches ergibt sich eine harmonische Kurve. Entlang dieser Linie wird die Kante schräg abgestochen. Handelt es sich um eine Rasenfläche, in der die **Zierkirsche** steht, müssen zuerst die Rasensoden abgehoben und der Unterboden gründlich gelockert werden. Es ist notwendig, die vorhandene Erde mit frischem Substrat zu verbessern, sei es mit Kompost aus dem Garten oder Fertigprodukten wie z.B. Rindenkompost.

TIPP

Die Pflanztiefe bei Zwiebelblumen beträgt die doppelte bis dreifache Höhe. Der Pflanzabstand kann bei engem Stand 10 cm betragen, richtet sich aber nach der Blütengröße: Botanische und Lilienblütige Tulpen min. 20 cm, weil sich die Kelche weit öffnen. Sollen Zwiebeln und Blumen kombiniert werden, streut man zuerst die Zwiebeln aus, pflanzt sie tief genug und setzt anschließend die Blumen.

Wie Sie pflegen

Im zeitigen Frühjahr, im März, kann das Beet mit einem organisch-mineralischen Düngemittel versorgt werden. Das kommt den Blumen, aber auch Zwiebeln und Stauden zugute, die im Gegensatz zu den einjährigen Blumen neue Kraft für eine Blüte im folgenden Jahr schöpfen müssen. Die **Tulpen** können entweder an Ort und Stelle bleiben oder die Zwiebeln werden aufgenommen und luftig und trocken bis zur nächsten Pflanzperiode im Herbst gelagert. In allen Fällen lässt man das Laub einziehen und entfernt es erst, wenn die Blätter völlig vergilbt sind. Das abgestorbene Laub der **Kleinzwiebelchen** kann man einfach mit dem Laubrechen beseitigen. Einige Zeit muss man den etwas unschönen Anblick ertragen, um sich im kommenden Jahr erneut am Blütenflor erfreuen zu können. Sofern es nicht zu trocken ist, werden sich **Hornveilchen** und evtl. andere ausdauernde Stauden unter der Baumkrone ausbreiten, beispielsweise **Gedenkemein** *(Omphalodes verna)* und das **Kaukasusvergissmeinnicht** *(Brunnera macrophylla)* – beide hellblau blühend. Alle Frühlingsblüher werden im Mai durch Sommerblumen ersetzt. Der Wechsel geht wiederum mit Bodenverbesserung und Düngung einher. Bleiben die Tulpen im Boden, sollten beim Sommerflor in diesen Bereichen nur Pflanzen mit kleinen Wurzelballen gesetzt werden, um die Zwiebeln nicht zu gefährden. Man kann hier auch Blumen direkt aussäen.

In der Übergangszeit zwischen Frühjahr und Sommer beleben zweijährige Pflanzen wie Bartnelke und Islandmohn viel zu selten unsere Gartenbeete.

Was Sie auch nehmen können

statt (2) 100–200 x Strahlenanemonen *(Anemone blanda)*, weiß

statt (3) 50–100 x Tulpen *(Tulipa praestans)*, z. B. 'Füselier', hellrot, niedrig, früh, mehrblütig

statt (4) 50–100 x Tulpen, z. B. 'Oxford', scharlachrot, mittelfrüh, hoch, großblütig

Leuchtend rote Sommerwiese

Ganz im Gegensatz zur strengen Rabatte, die Wege begleitet oder sich an einer Hauswand anlehnt, wirkt dieses in freien Linien geschwungene Beet wie ein monochromes Wiesenstück, das sich sanft an den Gehölzsaum schmiegt. Wiese bedeutet hier, im übertragenen gärtnerischen Sinne, ein lockerer Wechsel von einzeln stehenden größeren Pflanzen, durchmischt mit Ziergräsern und verschiedenen, etwa kniehoch wachsenden Arten und Sorten, die sich über einem niedrigen Pflanzenteppich ausbreiten. Vor allen Dingen die Gräserhorste sorgen besonders im Spätsommer und Herbst für ein naturhaftes Aussehen der gesamten Pflanzung. Sie überspielen durch ihre teilweise ausladenden Halme und flaumig weichen Ähren so manchen kleinen Schönheitsfehler bei den blumigen Nachbarn ringsherum – zum Beispiel welkende Blüten und Blätter. Oder sie verdecken Wildkräuter wie Disteln, Melde und Vogelmiere, die sich immer wieder zwischen den Blumen breit machen. Außerdem vermitteln Gräser zwischen unterschiedlichen Farbtönen.

Was Sie brauchen

1. **5 x Einjähriges Federborstengras *(Pennisetum villosum* mit weißlichen + *P. setaceum* mit bräunlichen Ähren)**
2. **4 x Mexikanische Sonnenblume *(Tithonia rotundifolia)*, z. B. 'Fackel', orange**
3. **3 x Schwarznessel *(Perilla frutescens* var. *nankinensis)***
4. **5 x Fuchsschwanz *(Amaranthus paniculatus)*, z. B. 'Oeschberg', dunkelrot**
5. **20 x Prachtlobelie *(Lobelia × speciosa)*, Rottöne**
6. **20 x Großblütige hohe Zinnien *(Zinnia elegans)*, orange, rot, purpur**
7. **20 x Löwenmaul *(Antirrhinum majus)*, 'Sonnet Orange'**
8. **20 x Bartfaden *(Penstemon hartwegii)*, z. B. 'Scharlachkönigin', rot-weiß**
9. **70 x Niedrige Zinnien *(Zinnia elegans)*, 'Profusion'-Serie, cherry**
10. **50 x Niedrige Zinnien *(Zinnia elegans)*, 'Profusion'-Serie, orange**

2
8
3
1
5
2
7
4
3
1
1
7
5
6
10
1
6
9
8
1
4
10
9

Wie Sie pflanzen

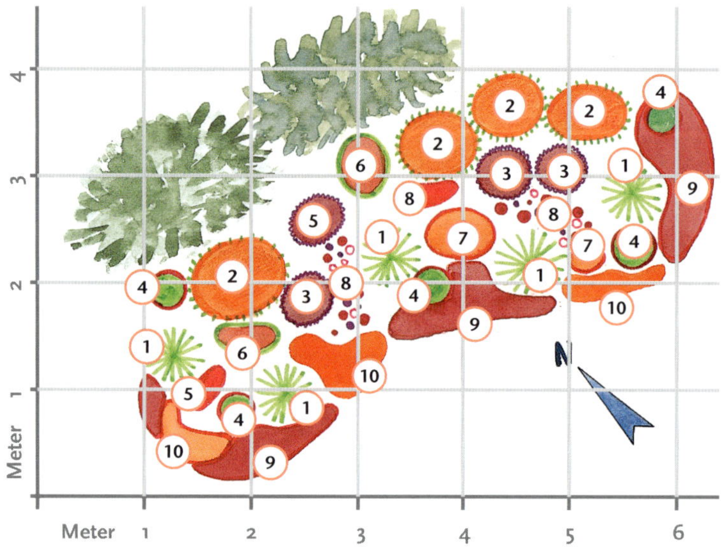

Pflanzplan zur Gestaltung Seite 108/109

Sommerblumenbeete mit Wiesencharakter passen hervorragend in alle naturnahen Gärten, dort, wo auch Spontanes und Zufälliges Platz hat. Solche Flächen sind sogar in einem größeren, landschaftlich geprägten Garten denkbar, in dem es neben Stauden- und Gehölzbereichen noch Raum für etwas extravagante Zusammenstellungen gibt. Die Überbetonung der roten Farbe macht das Beet während des ganzen Sommers zu einem attraktiven Blickfang.

Gepflanzte »Wiese«

Wiesen im gärtnerischen Sinn lassen sich auch säen, oder man kombiniert Aussaat und Pflanzung. Ziergräser und einige der höheren Arten, beispielsweise Salbei und Lobelien, werden wie üblich gruppenweise gepflanzt. In die Zwischenräume sät man dann niedriges **Schleierkraut** *(Gypsophila elegans)* und/oder **Jungfer im Grünen** *(Nigella damascena)*, die bereits schon nach sechs Wochen in voller Blüte stehen. Dass diese Einjährigen relativ kurzlebig sind, stört nicht weiter, denn die **Gräser** und die übrigen Pflanzen entwickeln sich nach und nach zu voller Größe.

Wiesencharakter besitzen vor allem die verschiedenen, bis zum Frost durchhaltenden Salbei-Arten: der blaue **Mehlsalbei** *(Salvia farinacea)*, von dem es auch Sorten mit blau-weißen und mit silbrigen Blütenständen gibt, und der **Scharlachrote Salbei** *(Salvia coccinea)* mit weißen und lachsfarbenen Sorten. Zwischen die tuffartig, aber locker verteilten Pflanzen lassen sich **Mohn**, **Ringel-** und **Kornblumen** oder **Kosmeen** und **Sommerazaleen** *(Clarkia amoena)* ohne Vorkultur direkt ins Freiland säen.

Auf diese Weise erreicht man nicht nur reizvolle Gartenbilder, es lassen sich auch Kosten sparen.

Wie Sie pflegen

Solange der Boden nicht bedeckt ist, werden Unkräuter entfernt und die Erde gelockert. Eine Grunddüngung im Mai ist in diesem Fall ausreichend, damit sich die Pflanzen nicht zu stark entwickeln und umfallen. An vereinzelten Stellen kann flüssig nachgedüngt werden. Dort, wo gesät wurde, ist besonders auf Wildkraut zu achten. Stehen die Sämlinge zu dicht, wird vereinzelt, damit sich die Jungpflanzen entfalten können. Früh verblühte und vergilbendes Gräser oder kurzlebige Blumen lassen sich einfach im Ganzen herausziehen. Entstehende Lücken schließen die Nachbarn rasch wieder.

Farben und ihre Wirkung

Bestimmte Farben vermitteln konkrete Stimmungen. Die Grundfarbe Rot wirkt zum Beispiel erregend und aggressiv, aber auch warm. Rot besitzt in großer Entfernung noch starke Leuchtkraft und vermittelt dadurch den Eindruck der Nähe. Die Kontrastfarbe zu Rot ist Grün. Orange ist dem Rot sehr verwandt, mit Lebhaftigkeit und Aktivität wird es zusätzlich in Verbindung gebracht. Orange kontrastiert spannungsreich mit Blau. Gelb, eine andere Primärfarbe, bewirkt eine sonnig-warme und heitere Atmosphäre – Violett bildet dazu den Kontrast. Mit der dritten Grundfarbe, dem Blau, verbindet man die Begriffe kühl, frisch, distanziert und ausgleichend. Durch Blau lässt sich die Wirkung anderer Farbtöne steigern.

Warm und leuchtend wirken die scharlachroten Blüten zwischen frischgrünen Blättern und blühenden Ziergräsern. Gesteigert wird die Farbe noch durch das dunkelrote Laub in unmittelbarer Nachbarschaft.

Was Sie auch nehmen können

- **statt 1** — **5 x Mähnengerste *(Hordeum jubatum)*, blüht bereits Juli/August – eventuell auch mit *Pennisetum* mischen, blüht August–Oktober**
- **statt 2** — **4 x hohe Sonnenblume *(Helianthus annuus)*, gelb-braun**
- **statt 7** — **20 x Rittersporn *(Delphinium grandiflorum)*, blau**
- **statt 8** — **20 x Mädchenauge *(Coreopsis tinctoria)*, gelb-rot**

Lage: sonnig, warm und trocken

Dieses Beispiel zeigt eine exponierte Gartensituation auf der Südseite des Hauses, an einem Hang oder vor einer Mauer. Die Sonnenstrahlen erwärmen den Boden im Frühjahr rascher, aber sie trocknen ihn auch stark aus. Hier sind Pflanzen gefragt, die extreme Standortbedingungen tolerieren. Mediterranes Flair verbreitet die kräftige Artischocke als Blickfang inmitten des Beetes. Gazanien in verschiedenen warmen Farbtönen umspielen in unregelmäßigen Pulks die Beetränder aus Naturstein und tragen zum südlichen Charakter der Pflanzung bei. Zusätzlich bilden kleinblütige Zinnien einen dichten Teppich um die silbrig-graue Solitärpflanze. Nur die zarten, im Wind sich wiegenden Federgräser und der locker wachsende rote Salbei unterbrechen die niedrige Flächenpflanzung. Dunkelviolette Verbenen bilden den ruhigen farblichen Abschluss.
Die einem Pferdeschweif sehr ähnlichen Gräser sind übrigens winterhart und müssen nicht zurückgeschnitten werden.

1. **1 x Artischocke *(Cynara)*, z. B. 'Silverleaf'**
2. **7 x Federgras *(Stipa tenuissima)***

Was Sie brauchen

3 10 x Schleier-Eisenkraut *(Verbena bonariensis)*, violett

4 7 x Scharlachroter Salbei *(Salvia coccinea)*, z. B. 'Lady in Red'

5 25 x Mittagsgold *(Gazania)*, Mischung

6 20 x Zinnie *(Zinnia angustifolia)*, z. B. 'White Star'/ 'Classic', weiß/orange

7 40 x Duftsteinrich/Alyssum *(Lobularia maritima)*, z. B. 'Snow Crystals'

20 x Kriechendes Eisenkraut *(Verbena)*, z. B. 'Tapien'-Serie, violett

Wie Sie pflanzen

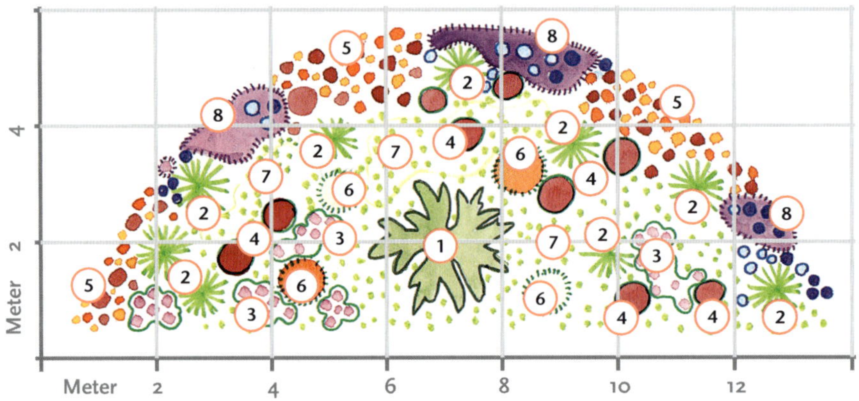

Pflanzplan zur Gestaltung Seite 112/113

Das halbrunde Beet kann ebenso gut zu einem Kreis ergänzt werden als auch eine rechteckige Form annehmen. Wählt man ein rundes Beet (siehe Bauerngarten), lässt sich der Grundriss spiegelbildlich erweitern und die Pflanzenzahl verdoppeln. In der Mitte hätten dann auch drei **Artischocken** Platz. Sie wirken bereits im Frühsommer durch ihr schönes silbriges Laub, und die Attraktivität steigt noch, wenn die lavendelblauen distelartigen Blüten erscheinen. Den Mittelpunkt des mediterran wirkenden Beetes kann jedoch ebenso gut eine dekorative Kübelpflanze einnehmen – beispielsweise ein **Wandelröschen** in Orange/Gelb – es würde gut zu den vorhandenen Farben passen. Solitäre werden immer als Erstes gesetzt. Danach legt man die übrigen Pflanzen im Abstand von 20 oder 30 cm aus, streut einzelne Gräser sowie den Salbei dazwischen, korrigiert nochmals die Abstände und achtet auf die Verzahnung der Flächen. Das **Schleier-Eisenkraut** eignet sich hervorragend zum Überstellen. An den Beeträndern pflanzt man gern enger, um rascher ein schönes geschlossenes Bild zu erreichen. Die sonnig trockene Lage erfordert einen Boden, der Humus und lehmhaltiges, wasserspeicherndes Substrat enthält.

TIPP

Der Wuchscharakter einer Pflanze entfaltet sich erst richtig, wenn sie frei steht und nicht von Nachbarn bedrängt wird. Darum setzt man Pflanzen mit reizvollem Laub oder schönem Habitus wie Artischocke, Rizinus, Schwarznessel oder Fuchsschwanz gern vereinzelt oder als kleine Gruppe in einen Teppich aus wesentlich niedrigeren Pflanzen.

Wie Sie pflegen

Die hier gewählten Pflanzen brauchen keine intensive Pflege und tolerieren auch etwas Trockenheit – es sei denn, man integriert im Zentrum eine Kübelpflanze, die täglich gegossen werden muss. Die **Artischocke** dagegen ist völlig pflegeleicht. Sie breitet sich langsam aus, bedeckt den Boden, so dass kein Unkraut aufkommen kann, muss weder gedüngt noch ausgeputzt werden. Auch die dicht an den Boden gepressten Tapien-**Verbenen** machen keinerlei Arbeit. **Alyssum, Zinnien** und **Gazanien** sollen eine geschlossene Fläche bilden, damit nichts Unerwünschtes mehr keimen kann und die Feuchtigkeit im Boden gehalten wird. Pflanzt man von Anfang an enger, geht dieser Prozess schneller. Aber wenn der Platz nicht mehr ausreicht, drücken sich die Pflanzen gegenseitig in die Höhe. In diesem Fall bevorzugt man jedoch einen niedrigen Blumenteppich, in dem die **Gräser** und Gruppenpflanzen gut zur Wirkung kommen. Die ineinander verwobenen Flächendecker ergeben zusätzlich eine interessante Struktur. Kleine Schönheitsfehler fallen dadurch weniger ins Auge. Wer es für nötig hält, kann in den Randpartien bei den **Gazanien** die verwelkten Blüten entfernen. Beim Alyssum ist ein Rückschnitt um ein Drittel möglich – mit der Heckenschere geht es rascher.

Das strahlende Weiß der Strauchmargerite wird durch das panaschierte Laub der benachbarten Blattstrukturpflanze gemildert – hier ist es der Weihrauch *(Plectranthus)*, an anderer Stelle auch das Lakritzkraut *(Helichrysum)*.

Was Sie auch nehmen können

statt (1) 1 x Wandelröschen *(Lantana camara)*, orange

statt (6) 20 x Eisenkraut *(Verbena rigida)*, violett

statt (7) 20 x Studentenblume *(Tagetes tenuifolia)*, hellgelb

zusätzlich: herbstblühende Blumenzwiebeln, z. B.

50 x Krokus *(Crocus sativus)*, blau

30 x Herbstzeitlose *(Colchium autumnale)*, lila

Sommerlich bunter Bauerngarten

Beim Bauerngarten liegt die Betonung immer auf bunt. Hier ist das reizvolle Miteinander von Blumen und Nutzpflanzen Konzept. Denn auch Gemüse und Kräuter haben durchaus Zierwert und werden heute wieder vermehrt als Schmuckelemente eingesetzt. Berühmtes Beispiel sind die ornamental angelegten Renaissance-Gärten von Villandry in einem der Loire-Schlösser.
Der Bauerngarten weist häufig die Form eines Kreuzes auf, eine Gestaltung, die von den mittelalterlichen Klostergärten übernommen wurde. Dieser Grundriss lässt sich vielfach abwandeln, basiert aber immer auf geometrischen Mustern. Die strengen Linien werden oft durch eine Buchseinfassungen nachgezeichnet – sie stellen ein wichtiges Ordnungsprinzip dar. Innerhalb der einzelnen Quartiere dürfen und sollen Nutz- und Zierpflanzen malerisch ineinander wachsen. Übrigens hat sich über Jahrhunderte gezeigt, dass diese Mischung auch der Pflanzengesundheit zuträglich ist.

Was Sie brauchen

- A **1 x Hochstammrose, z. B. 'Sommerwind', rosa**
- B **Stauden, z. B. Heiligenkraut *(Santolina)*, Lavendel *(Lavandula)*, Katzenminze *(Nepeta)***
- C **Gemüse, Salate, Kräuter (Erdbeeren)**

1. 30 x Zinnie *(Zinnia elegans)*, Mischung
2. 30 x Löwenmaul *(Antirrhinum majus)*, Mischung
3. 12 x Dahlie *(Dahlia)* in Sorten
4. 50 x Studentenblume *(Tagetes patula)*
5. 3 x Sonnenblume *(Helianthus annuus)*
6. 10 x Goldlack *(Erysimum cheiri)*
7. 10 x Sonnenhut *(Rudbeckia hirta)*
8. 20 x Bartfaden *(Penstemon-*Hybriden)
9. 15 x Kosmee *(Cosmos bipinnatus)*
10. 30 x Bartnelke *(Dianthus barbatus)*
11. 10 x Stockrose *(Alcea rosea)*

Wie Sie pflanzen

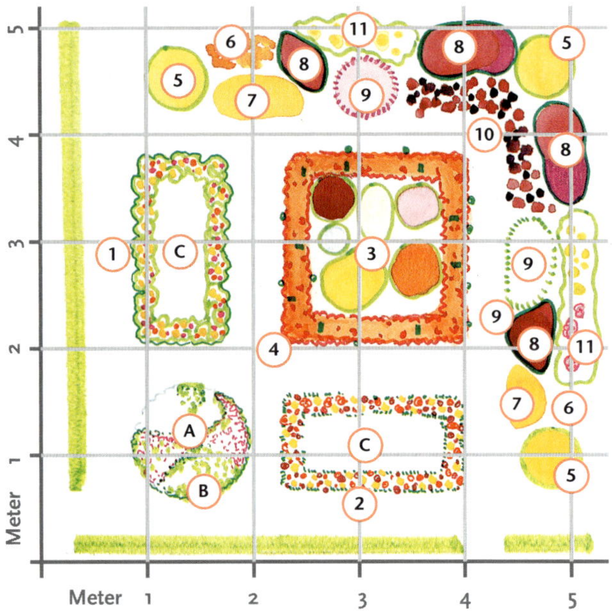

Pflanzplan zur Gestaltung Seite 116/117

Kompost- und Düngerzusätze sorgen für eine gute Ausgangsposition bei der Bepflanzung. Das Saat- oder Pflanzbett soll feinkrümelig sein. Falls eine niedrige Buchseinfassung erwünscht ist, wird diese als Erstes einreihig im Abstand von 20 cm gesetzt. Wege müssen befestigt werden, um jederzeit gut an die Beete heranzukommen.

Die geometrisch angelegten Beete werden unterschiedlich bepflanzt. Entweder wachsen Schnittblumen in der Mitte, und am Rand werden **Radieschen** und **Möhren** gesät. Oder **Kohlköpfe** und **Salate** nehmen die Hauptflächen ein und niedrige Frühlings- und Sommerblumen wie **Stiefmütterchen** und **Tagetes** bilden einen blühenden Kranz. Auch eine Reihe **Erdbeeren** eignet sich gut als feste Beetkante.

Das Zentrum des Gartens bildet das kleine Rondell mit einer **Hochstammrose,** unterpflanzt mit **Lavendel** und anderen mediterranen Kräutern.

Schritt für Schritt

Zuerst wird die vorgesehen Fläche eingeebnet und werden die einzelnen Felder eingemessen. Dazu braucht man Maßband, Schnur und Stäbe. Die Beete werden abgestochen und der Boden tiefgründig umgegraben und gelockert.

TIPP

Den Rahmen des Garten bildet eine schmale Blumenrabatte, die außer den Einjährigen auch Stauden und vor allem die typischen zweijährigen Bauerngartenpflanzen wie Goldlack, Bartnelke, Stockrose, Akelei und Fingerhut aufnehmen kann – Kaiserkronen und Lilien finden dazwischen noch Platz.

Wie Sie pflegen

Wenn die Beete bei der Anlage im zeitigen Frühjahr gut vorbereitet wurden, genügt beim Wechsel zum Sommer bzw. beim Wechsel der Kultur eine Volldüngergabe. Nutzpflanzen – Gemüse und Blumen – brauchen reichlich Wasser und Nährstoffe, da sie in kurzer Zeit viele Blüten und Früchte hervorbringen müssen. Bei Kräutern kann man sparsam sein, ihnen genügt einmal im Jahr eine dünne Schicht Kompost. Ausdauernde Pflanzen und besonders Gehölze wie **Rosen** düngt man nur bis Ende Juli, damit das Holz noch vor dem Winter ausreifen kann. Buchseinfassungen werden im Nachwinter etwas gestutzt. Wenn sie ihre endgültige Höhe erreicht haben, schneidet man sie regelmäßig im Frühjahr und Spätsommer. Abgeblühtes und Verwelktes wird sorgfältig entfernt, so können die Pflanzen alle Kraft darauf verwenden, neue Blütentriebe zu bilden. Man verhindert damit auch die Ausbreitung von Krankheiten. Von den Schnittblumen soll man regelmäßig Sträuße schneiden, damit sie sich schnell regenerieren und neue Knospen ansetzen.
Auf den Nutzbeeten, wo offener Boden erforderlich ist, muss öfter gejätet und gehackt werden, als dies bei Schmuckbeeten der Fall ist. Außerdem soll die Krume im Sommer nach Regen oder Bewässerung gelockert werden, um die Feuchtigkeit im Boden zu halten.

Stockrosen, hier eine gefüllte gelbe Sorte, und Buschmalven in kräftigem Rosa gehören in jeden Bauerngarten. An diesem Beispiel lässt sich auch erkennen, wie unbekümmert man in einem ländlich geprägten Garten mit den Farben umgehen kann.

Was Sie auch nehmen können

statt ① **1 x Kübelpflanze, z. B. Bleiwurz *(Plumbago)*, die mit Topf in die Erde eingesenkt wird**

statt ② **Zwischen den Kräutern können auch Ringelblumen und Boretsch ausgesät werden**

statt ③ **Buschmalven und Strohblumen eignen sich ebenfalls zur Direktaussaat**

Romantische Farbharmonie

Rosa ist eine sehr angenehme Farbe, die Ruhe ausstrahlt. Kombinationen von Rosa und Weiß sehen immer gut aus. Der Grund ist nahe liegend: Rosa ist eine Pastellfarbe, eine Kombination aus Weiß und Rot. Weiße Blüten wirken außerdem wie Aufheller und machen den Gesamteindruck einer Pflanzung leuchtender. Ein kaltes Rosa harmoniert zudem gut mit blau und violett blühenden Partnern, die den Farbcharakter verstärken.
Bereits im Juni besticht diese Rabatte durch die Blüte der Pfingstrosen und der Wiesen-Iris. Viele der Pfingstrosen-Sorten duften außerdem auch sehr angenehm. Im Hochsommer wirkt die Pflanzung durch die duftenden Phloxe und die Garten-Rittersporne besonders prächtig. Zum Ausklang des Gartenjahres trumpfen schließlich die Astern noch mal auf.
Bereichern können Sie diese Pflanzung mit rosafarbenen und weißen Strauch- oder Kletterrosen. Schließlich findet man in keiner anderen Pflanzengruppe so viele Rosatöne wie bei den Rosen.

1 **8 x Frauenmantel** ***(Alchemilla mollis)***

2 **5 x Myrten-Aster** ***(Aster ericoides)***

3 **7 x Glattblatt-Aster** ***(Aster novi-belgii)*****, blaue Sorte, 'Dauerblau', 'Schöne von Dietlikon'**

Was Sie brauchen

4 x Garten-Rittersporn *(Delphinium*-Hybride), blaue Sorte, z. B. 'Lanzenträger', 'Polarnacht'

5 x Feinstrahlaster *(Erigeron*-Hybride) 'Dunkelste Aller'

6 x Wiesen-Iris *(Iris sibirica)* 'Dreaming Spire', 'Mountain Lake'

7 x Sommer-Margerite *(Leucanthemum*-Maximum-Hybride) 'Gruppenstolz'

8 3 x Indianernessel *(Monarda*-Hybride), z. B. 'Fishes', 'Prärienacht'

9 3 x Edel-Pfingstrose *(Paeonia*-Lactiflora-Hybride)

10 4 x Stauden-Phlox *(Phlox paniculata),* z. B. 'Kirmesländler', 'Dorffreude', 'Fesselballon'

Wie Sie pflanzen

Dieses prachtvolle Staudenbeet braucht einen sonnigen Standort im Garten. Der Boden sollte ausreichend feucht, tiefgründig und nährstoffreich sein. Gute Voraussetzungen bietet ein humoser, lehmiger Boden, der gut durchlässig ist. Zur Bodenverbesserung kann der Boden mit Kompost angereichert werden.
Die Gesamtwirkung dieser Rabatte wird gesteigert, wenn sie sich an einen Gartenzaun, eine

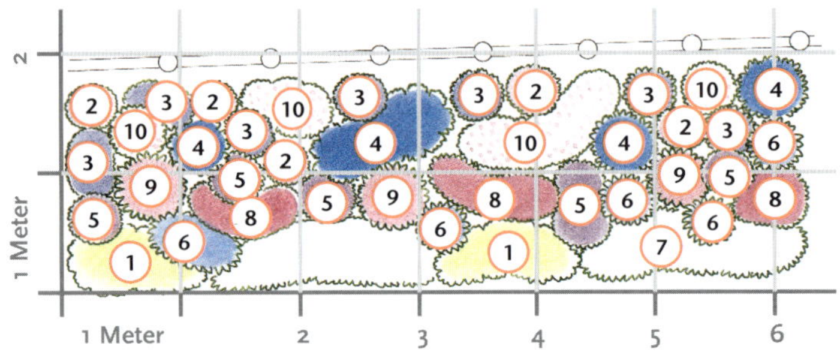

Pflanzplan zu Seite 120/121

Hecke oder eine Mauer anlehnen kann. Die verschiedenen Stauden werden so angeordnet, dass jede einzelne Pflanze möglichst optimal zur Geltung kommt.
Besonders wirkungsvoll ist es, wenn die Stauden nach ihrer Wuchshöhe gestaffelt werden. Die höchsten Pflanzen stehen am besten im Hintergrund, wo sie eine attraktive Kulisse für die niedrigeren Arten im Vordergrund bilden. **Astern**, **Garten-Rittersporn** und Stauden-Phlox pflanzen Sie in den Hintergrund. Im mittleren Bereich platzieren Sie **Wiesen-Iris**, **Indianernessel**, **Edel-Pfingstrose** und **Feinstrahlaster.** Den Beetabschluss nach vorne bilden **Frauenmantel** und eine niedrige kompaktwüchsige Sorte der **Sommer-Margerite**. Bewährt hat sich die Sorte 'Gruppenstolz'. Beide werden in kleineren Gruppen gepflanzt.
Gute Pflanzbedingungen bieten das Frühjahr und der zeitige Herbst. Eine Ausnahme bilden **Pfingstrosen**, die am besten im Frühherbst gepflanzt werden. Pfingstrosen dürfen nur flach gesetzt und ca. 3 cm stark mit Erde überdeckt werden. Nur dann erzielen Sie einen guten Austrieb und Blütenansatz. Zu tief gepflanzte Pfingstrosen kümmern und sind blühfaul.

TIPP

Pfingstrosen gehören zu den ältesten Kulturpflanzen und langlebigsten Stauden. Es gibt eine Vielzahl von Sorten in Weiß, Rosa oder Karminrot. Die Blütenform variiert von ungefüllt bis stark gefüllt. Letztere duften und eignen sich besonders gut zum Schnitt.

Wie Sie pflegen

Das Gartenjahr beginnt mit einer Düngergabe von etwa 80 g/m² Volldünger. Den **Frauenmantel** schneidet man nach der Blüte bis auf den Boden zurück. Die Blätter treiben danach erneut aus und sind bis zum Winter ansehnlich. Durch den Rückschnitt bleiben die Horste zudem kompakt und standfest.

Die verblühten Blüten der **Pfingstrosen** werden ausgeschnitten, um die kraftzehrende Samenbildung zu vermeiden.

Auch die Blütenstände des **Stauden-Phlox** sollte man ausschneiden, da sich diese sonst aussamen können. Oft sind die Sämlinge wüchsiger, sodass sie die Sorten verdrängen können.

Garten-Rittersporn und **Feinstrahlaster** blühen erneut, wenn man sie bis auf den Boden zurückschneidet. Beide Stauden treiben anschließend aus und bilden eine zweite Blüte im September. Wenn man nach dem Rückschnitt düngt und wässert, wird die Blütenbildung unterstützt.

Je nach Bedarf – abhängig von Sorte, Standort und Witterung – müssen **Astern**, **Stauden-Phlox** und **Garten-Ritterspornе** gestäbt werden, um sie vor dem Auseinanderfallen zu bewahren.

Astern, **Stauden-Phlox** und **Indianernessel** werden in trockenen Sommern häufig von Echtem Mehltau befallen. Daher sollte man sie in Trockenzeiten als vorbeugende Maßnahme gründlich wässern.

Vom Stauden-Phlox können Sie unter zahlreichen unterschiedlichen Sorten wählen.

Vorbeugend sollten Sie auch rund um den jungen **Rittersporn**-Neutrieb etwas Schneckenkorn streuen.

Die Blütenstände der **Wiesen-Iris** schneidet man nach der Blütezeit aus.

Der Blütenflor der **Sommer-Margerite** kann verlängert werden, wenn man die verwelkten Blüten regelmäßig ausschneidet.

Was Sie auch nehmen können

statt (5) Kisten-Aster *(Aster*-Dumosus-Hybriden)

statt (2) Riesen-Ehrenpreis *(Veronicastrum virginicum)*, z. B. 'Diana', 'Alba'

Rosenbeet für Faulenzer

Gleichermaßen wirkungsvoll wie pflegeleicht präsentiert sich diese Kombination aus Rosen zusammen mit verschiedenen Storchschnabel-Arten und -Sorten sowie Frauenmantel. Eine gelungene Zusammenstellung, bei der die Rosen die Hauptrolle spielen. Die großflächige Unterpflanzung mit Stauden steigert den Reiz der Pflanzung und ziert auch ohne großen Pflegeaufwand.

Rosafarbene, karminrote und weiß blühende Rosen bilden ein harmonisches Farbspiel, dessen Wirkung das Blauviolett, Rosa und Weiß der Storchschnabel-Blüten unterstreicht. Bereichert wird diese Kombination durch die gelbgrünen Blüten des Frauenmantels, die duftige Schleier über die Blatthorste legen.

Nach der Blüte, dem Rückschnitt und dem Wiederaustrieb zieren die Stauden mit ihrem schmückenden Laub. In den Blättern des Frauenmantels glitzern effektvoll Wassertropfen, während sich die Blattfarbe des Pracht-Storchschnabels zum Ende der Saison in ein leuchtendes Rotorange verwandelt.

Was Sie brauchen

1 **20 x Frauenmantel** ***(Alchemilla mollis)***

2 **20 x Pracht-Storchschnabel** ***(Geranium × magnificum)***

3 **40 x Storchschnabel** ***(Geranium × oxonianum)*** **in verschiedenen Sorten**

Außerdem 2 Stammrosen und 5 Beetrosen in verschiedenen Sorten

Wie Sie pflanzen

Pflanzen Sie zuerst die **Rosen** in ausreichendem Abstand. Wenn Sie wurzelnackte Rosen kaufen, dann ist der Herbst die beste Pflanzzeit. Containerrosen können dagegen ebenso wie die Stauden fast ganzjährig gepflanzt werden. Als Sonnenkinder entwickeln Rosen nur an sonnigen Standorten ihre üppige Blütenpracht. Ebenso wichtig ist ein tiefgründiger, lehmiger und nährstoffreicher Boden.

Pflanzplan zu Seite 124/125

Frauenmantel und **Storchschnabel** kommen mit fast jedem Gartenboden zurecht. Auch sie lieben sonnige Standorte, vertragen aber auch Halbschatten.
Die Stauden werden in kleinen Gruppen (3er, 5er oder 7er) gepflanzt. Bei der Gruppengröße und der Anordnung der Gruppen sollte variiert werden, damit die Pflanzung ihren natürlichen Charakter bewahrt und nicht zu künstlich geordnet wirkt.
Zu beachten ist, dass ein ausreichender Abstand zu den Rosen eingehalten wird, damit diese nicht bedrängt werden.
Je nach Größe Ihres Rosenbeetes können Sie diese Pflanzung beliebig ausweiten. Von *Geranium* x *oxonianum* gibt es mehrere Sorten mit unterschiedlichen Farbnuancen (siehe Tipp), die bei großflächigen Pflanzungen für Abwechslung sorgen. Dabei können Sie noch weitere Storchschnabel-Arten und -Sorten integrieren, die genauso anspruchslos und pflegeleicht sind. Insgesamt entsteht so ein attraktives Rosenbeet, dessen Pflanzung und Pflege auch dem Gartenneuling keine Schwierigkeiten bereitet.

TIPP

Von *Geranium* x *oxonianum* gibt es eine Vielzahl von Sorten.
Bewährt haben sich:
'Claridge Druce', rosa, 50 cm
'Rose Clair', hellrosa, 50 cm
'Rosenlicht', dunkelrosa, 50 cm
'Wargrave Pink', lachsrosa, 40 cm.

Wie Sie pflegen

Eine gelungene Kombination aus Strauchrose, Storchschnabel und Frauenmantel.

Nach dem Rosenschnitt im Frühjahr düngen Sie die **Rosen** mit 80 g/m² eines speziellen Rosendüngers oder eines Volldüngers. Gleichzeitig düngen Sie auch die Stauden mit 60 g/m² eines Volldüngers. Zuvor lockert man den Boden und entfernt das Unkraut.
Nachdem der **Frauenmantel** und die **Storchschnäbel** verblüht sind, beginnen sie auseinander zu fallen und werden unschön. Wenn dieser Zeitpunkt errreicht ist, schneiden Sie alle Stauden bis auf den Boden zurück. Die verwendeten Arten sind sogar so robust, dass sie auch mit dem Freischneider zurückgeschnitten werden können.
Gleichzeitig bietet sich das Entfernen aufgekommender Unkräuter an, obwohl diese unter dem dichten, den Boden fast vollständig bedeckenden Blätterdach der Stauden kaum Chancen haben. Sie werden somit selten zum Problem.
Nach dem Rückschnitt treiben die Stauden erneut aus und bilden kompakte Horste, die bis in den Winter hinein ansehnlich bleiben. Das Schnittgut sollte aus der Pflanzung entfernt und kompostiert werden.
Im Winter oder spätestens vor dem Austrieb der Stauden im Frühjahr schneiden Sie das restliche Laub bodennah zurück.

Was Sie auch nehmen können

statt (2) oder (3) Himalaya-Storchschnabel *(Geranium himalayense)*

statt (2) oder (3) Grauer Storchschnabel *(Geranium renardii)*, blüht weißlichrosa mit violetter Aderung, guter Bodendecker

statt (2) oder (3) Weißer Blut-Storchschnabel *(Geranium sanguineum* 'Album'), weißer Dauerblüher, guter Bodendecker

Der weiße Garten

Gärten ganz in Weiß gehören zu den Klassikern der Gartengestaltung. In der Farbensymbolik bezeichnet Weiß das Reine und Vornehme. Es bringt Helligkeit in den Garten und macht ihn freundlicher. Ein weißer Garten verschönert die Sommerabende, denn weiße Blumen leuchten auch noch nach Sonnenuntergang.

Die Spannung eines weißen Gartens beruht auf den unterschiedlichen Strukturen, Blatt- und Blütenformen. Je unterschiedlicher diese sind, desto eindrucksvoller gestaltet sich die Pflanzung. Schöne Kontraste bilden etwa die duftigen Blütenwolken des Riesenschleierkrauts mit den dichten Dolden der Tausendblättrigen Garbe oder auch den glockigen Blüten der Palmlilie. Hinzu kommen die feinen Unterschiede der vielen Weißtöne.

Besonders gut präsentiert sich ein weißes Gartenbeet vor einem dunklen Hintergrund aus dunkelgrünen Nadel- oder Laubgehölzen wie Eibe oder Buche.

1. **6 x Tausendblättrige Garbe *(Achillea-Millefolium-Hybride)*, weiße Sorte**
2. **4 x Spornblume *(Centranthus ruber)* 'Albus'**
3. **3 x Riesenschleierkraut *(Crambe cordifolia)***

Was Sie brauchen

4 9 x Bart-Iris *(Iris*-Barbata-Hybride), weiße Sorte

5 3 x Vexiernelke *(Lychnis coronaria)* 'Alba'

6 1 x Katzenminze *(Nepeta × faassenii)* 'Snowflake'

7 15 x Sommer-Salbei *(Salvia nemorosa)* 'Adrian'

8 7 x Eselsohr *(Stachys byzantina)* 'Silver Carpet'

9 4 x Riesen-Ehrenpreis *(Veronicastrum virginicum)* 'Alba'

10 2 x Palmlilie *(Yucca filamentosa)*

Außerdem 2 Strauchrosen und 1 Stammrose in Weiß

Wie Sie pflanzen

Diese Pflanzung verlangt einen sonnigen Standort. Der Boden sollte mäßig trocken bis frisch, durchlässig und nährstoffreich sein. Wenn der Boden zu schwer ist, arbeiten Sie Sand unter. Insbesondere das **Riesenschleierkraut** und die Bart-Iris ertragen keine nassen Standorte, da sonst die Rhizome faulen.

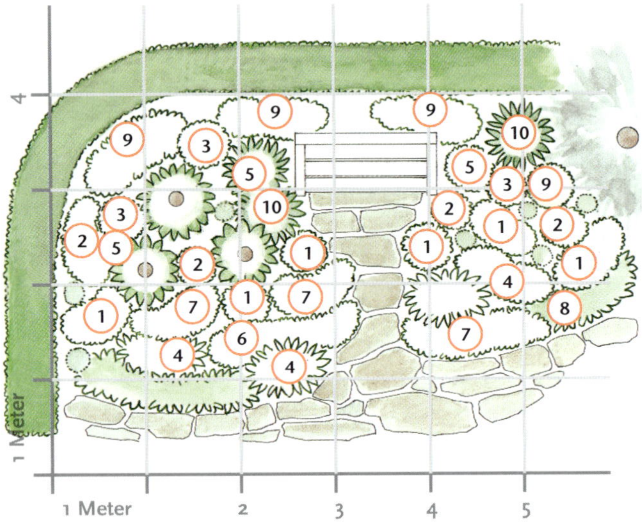

Pflanzplan zu Seite 128/129

Bart-Iris besitzen dicke, kriechende Rhizome, die flach und waagerecht gepflanzt werden müssen. Pflanzt man sie zu tief, dann kümmern sie und blühen nicht.

In den Vordergrund setzt man das **Eselsohr.** Die Sorte 'Silver Carpet' ist eine blühfaule Auslese, die auf Blattschmuck selektiert wurde. Die filzig behaarten Blätter zieren fast das ganze Jahr über und entschädigen für die fehlenden Blüten.

Auch der **Sommer-Salbei** wirkt besser, wenn er gruppenweise gepflanzt wird.

Die **Vexiernelke** ist als Füllpflanze geplant. Man verwendet sie dort, wo nach dem Pflanzen der anderen Stauden noch Lücken verbleiben. Vexiernelken sind kurzlebig, aber sie versamen sich reichlich und bleiben daher auch in den Folgejahren erhalten.

Die kräftigen Rosetten der **Palmlilien** wirken auch vor und nach der Blütezeit.

TIPP

Weiß blühende Tulpen, Narzissen und Hyazinthen verwirklichen schon im Frühjahr den Zauber eines weißen Gartens. Wenn Sie im Herbst zwischen die Stauden Blumenzwiebeln pflanzen, erwarten Sie bereits im Frühjahr die ersten Blüten.

Wie Sie pflegen

Im Frühjahr lockert man den Boden und düngt mit 80 g/m² eines mineralischen Düngers. Wichtig ist bei einem weißen Garten das regelmäßige Ausschneiden von Verblühtem, denn die braunen, verwelkten Blüten beeinträchtigen die Wirkung des Weiß.

Bei der **Tausendblättrigen Garbe** und der **Spornblume** wird durch das laufende Ausschneiden auch eine Verlängerung des Blütenflors erzielt.

Den **Sommer-Salbei** schneidet man nach der Blüte bis auf die Basis zurück. Er treibt erneut aus und zeigt danach eine zweite Blüte im September.

Da sich die kurzlebigen, meist zweijährigen **Vexiernelken** versamen, muss man beim Hacken auf die Sämlinge achten.

Die **Palmlilie** braucht einen trockenen Winterschutz, z. B. aus Laub, das mit Reisig beschwert wird. Die abgeblühten Blütenstiele werden ausgeschnitten. Nach dem Winter zupft man geschädigte Blätter vorsichtig aus.

Stattliche Horste bildet das **Riesenschleierkraut**. Mitunter wird es standschwach, sodass die Blütenstiele unauffällig gestäbt werden sollten. Nach der Blüte sollten die abgeblühten Blütenstiele ausgeschnitten werden, um den kraftzehrenden Fruchtansatz zu vermeiden.

Kontrastvolle Blütenformen: Weißer Purpursonnenhut und Stauden-Phlox.

Bei der **Bart-Iris** werden die abgeblühten Blütenstände ausgeschnitten. Die Blätter sind wintergrün und werden erst im Frühjahr zurückgeschnitten.

Was Sie auch nehmen können

statt (7) **Schleierkraut *(Gypsophila paniculata)***

statt (10) **Stauden-Phlox *(Phlox paniculata)*, weiße Sorte, z. B. 'Pax', 'Schneeferner'**

statt (11) **Gelenkblume *(Physostegia virginiana)* 'Summer Snow'**

Türken-Mohn und seine Begleiter

Der Türkische Mohn mit seinen großen, leuchtend roten Schalenblüten ist eine der prachtvollsten Stauden, der immer einen deutlichen Blühhöhepunkt im Gartenjahr setzt. Die wunderschönen Blüten entschädigen dafür, dass die Prachtentfaltung nur von kurzer Dauer ist. Um den Auftritt des Mohns zu verlängern, kann man verschiedene Sorten verwenden und somit die Blühdauer ausdehnen.

Da die Mohnblüten an Farbintensität und Leuchtkraft nicht zu übertreffen sind, bieten sich farblich zurückhaltende Begleiter an. Geeignet sind vor allem blau und weiß blühende Sorten von Hain-Salbei und Bart-Iris. Bei beiden Arten können verschiedene Sorten verwendet werden, die in Wuchshöhe, Blütezeit und Blütenfarbe variieren.

Die üppigen Horste der Tausendblättrigen Garbe verdecken die Lücken, die der Mohn nach der Blütezeit hinterlässt. Auch hier sollte man nur die weiß blühenden Sorten verwenden. Abwechslung bringen die weißfilzigen Blätter des Eselsohrs und das blaugraue Laub des Blaustrahlhafers in die Pflanzung.

1. **7 x Tausendblättrige Garbe *(Achillea*-Millefolium-Hybride), weiße Sorte**
2. **4 x Weiße Spornblume *(Centranthus ruber)* 'Albus'**

Was Sie brauchen

3 12 x Bart-Iris *(Iris-*Barbata-Hybriden), weiße und blaue Sorten verwenden

4 5 x Türken-Mohn *(Papaver orientale)* 'Aladin', 'Türkenlouis'

5 25 x Sommer-Salbei *(Salvia nemorosa)*, weiße und blaue Sorten, z. B. 'Adrian', 'Blauhügel'

6 10 x Eselsohr *(Stachys byzantina)* 'Silver Carpet'

7 4 x Blaustrahlhafer *(Helictotrichon sempervirens)*

Wie Sie pflanzen

Dieses farbenprächtige Beet braucht einen vollsonnigen Standort, der warm und heiß sein darf. Der Boden sollte mäßig trocken bis frisch, nährstoffreich und vor allem durchlässig sein. Ideale Voraussetzungen bietet ein sandiger Lehm.

Der **Türken-Mohn** bildet fleischige Pfahlwurzeln, die keinen schweren Boden und keine Staunässe vertragen, da sonst die Wurzeln faulen. Der Türken-Mohn hat einen eigenen Vegetationsverlauf. Nach der Blüte im Frühsommer vergilben die Blätter und ziehen ein. Zum Herbst hin werden kleine Überwinterungsrosetten gebildet, die nach dem Winter absterben. Im Frühjahr treiben die Mohnpflanzen erneut aus. Da nach dem Einziehen unschöne Lücken in der Pflanzung entstehen, sollte man Türken-Mohn immer einzeln oder nur in kleinen Gruppen verwenden. Durch geschicktes Einbinden in der Pflanzung können die Löcher vertuscht werden.

Fast ganzjährig attraktiv ist das **Eselsohr,** das zusammen mit dem **Sommer-Salbei** den Abschluss des Beetes im Vordergrund bildet. Beide werden gruppenweise gepflanzt, sodass sie flächig wirken.

Bart-Iris besitzen dicke, fleischige Rhizome, die nur flach gepflanzt werden dürfen, sodass sie gerade an oder unter der Erdoberfläche liegen. Die beste Pflanzzeit für die Rhizome ist von August bis Oktober. Containerware kann jedoch fast ganzjährig gepflanzt werden.

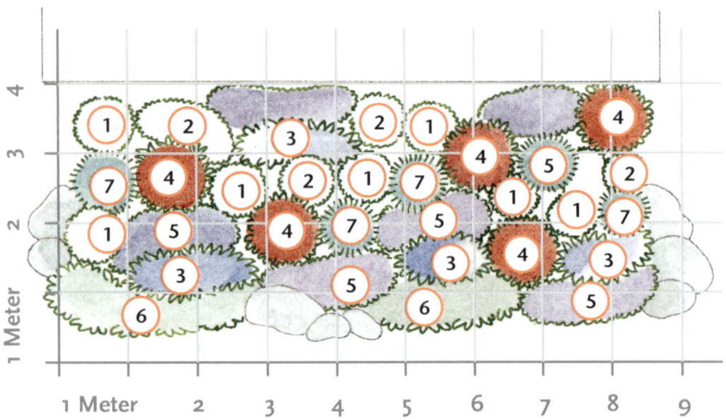

Pflanzplan zu Seite 132/133

TIPP

Wenn Ihnen die ziegelroten Mohnsorten zu knallig sind, gibt es auch farbschöne rosafarbene Alternativen, die farblich genauso gut zu den Begleitstauden passen. Empfehlenswert sind:
'Karine', hellrosa, 60 cm, kleinblütig
'Catharina', lachsrosa, 80 cm, großblütig
'Helen Elisabeth', lachsrosa, 70 cm, mittelgroße Blüten

Wie Sie pflegen

Die roten Mohnblüten sind an Leuchtkraft nicht zu übertreffen.

Nach dem Frühjahrsputz wird das Beet gelockert und mit 80 g/m² Volldünger gedüngt. Das regelmäßige Ausschneiden der abgeblühten Blütendolden fördert bei der **Tausendblättrigen Garbe** einen Dauerflor. Zusätzlich werden Sämlinge vermieden, die in der Regel blassere Blütenfarben hervorbringen. Die Horste breiten sich durch kurze Ausläufer aus. Zu groß gewordene Horste können problemlos mit dem Spaten verkleinert werden.

Den **Türken-Mohn** sollte man nach der Blüte bis auf die Basis zurückschneiden.

Die **Spornblume** ist eine genügsame und pflegeleichte Staude, die sich an zusagenden Standorten reichlich versamt. Durch gelegentliches Ausschneiden der verwelkten Blütenstände wird die Bildung neuer Blüten gefördert und gleichzeitig die Samenbildung verhindert.

Der **Sommer-Salbei** wird nach der Blüte unansehnlich. Wenn man die Horste nach der Blüte komplett bis auf den Boden zurückschneidet, treiben die Pflanzen erneut aus und blühen im September ein zweites Mal. Eine Alternative zu dieser radikalen Schnittmaßnahme ist, dass man die Horste etwa auf die Hälfte einkürzt. Der Wiederaustrieb erfolgt dann aus den Blattachseln. Vorteilhaft ist, dass keine Löcher in der Pflanzung entstehen. Beide Schnittmaßnahmen sollten durch eine zusätzliche Düngergabe von 40 g/m² und Wässern unterstützt werden.

Bart-Iris sind konkurrenzschwach, daher sollte man darauf achten, dass sie nicht überwuchert werden. Nach der Blüte werden die Fruchtstände ausgeschnitten. Die Blätter sind wintergrün und sollten erst im Frühjahr zurückgeschnitten werden.

Das **Eselsohr** ist absolut pflegeleicht. Die Sorte 'Silver Carpet' ist eine blühfaule Selektion auf Blattschmuckwirkung und Teppichbildung. Eine wertvolle Sorte, die dichte Blattteppiche bildet.

Den **Blaustrahlhafer** schneidet man erst im Frühjahr zurück.

Sonnige Dauerblüher

Eine gelbe Rabatte strahlt mit der Sonne um die Wette. Gelb ist die hellste und leuchtendste Farbe, stets erregt sie Aufmerksamkeit. Gelb beginnt besonders dann zu leuchten, wenn es vor einem dunklen Hintergrund eingesetzt wird.

Die Leuchtkraft von Gelb sollte man nutzen, um Blickpunkte im Garten zu setzen oder um bestimmte Bereiche besonders zu betonen. An Pflanzen bietet sich dazu eine Fülle im Sommer gelb blühender Stauden mit ähnlichen Ansprüchen an, die sich wunderbar kombinieren lassen. Durch die Schlichtheit einer einfarbigen Pflanzung wie in diesem Gestaltungsvorschlag wird den unterschiedlichen Blütengrößen und -formen mehr Beachtung geschenkt. Auflockernd wirken auch die grazilen Blütenrispen der dazwischengesetzten Gräser.

Die Pflanzung ist vorwiegend aus Stauden der Korbblütler-Familie aufgebaut. Zwischen den margeritenähnlichen Blüten von Sonnenauge, Garten-Sonnenblume, Sonnenbraut und Sonnenhut bringen die fedrigen Rispen der Goldrute daher eine willkommene Abwechslung.

1 **10 x Mädchenauge *(Coreopsis verticillata)* 'Grandiflora'**

2 **4 x Fallschirm-Rudbeckie *(Rudbeckia nitida)* 'Herbstsonne'**

3 **4 x Sonnenbraut *(Helenium*-Hybriden), gelbe Sorten, z. B. 'Goldrausch', 'Kanaria'**

Was Sie brauchen

4 6 x Stauden-Sonnenblume *(Helianthus decapetalus)*

5 4 x Sonnenauge *(Heliopsis helianthoides)*

6 10 x Sonnenhut *(Rudbeckia fulgida)* 'Goldsturm'

7 2 x Goldrute *(Solidago*-Hybride)

8 4 x Garten-Sandrohr *(Calamagrostis × acutiflora)* 'Karl Foerster'

9 6 x Ruten-Hirse *(Panicum virgatum)* 'Strictum'

Wie Sie pflanzen

Dieses gelbe Blütenmeer lässt sich nur an vollsonnigen Standorten verwirklichen. Alle verwendeten Stauden sind Sonnenkinder und entwickeln nur dann ihre lang andauernde Blütenpracht.
Einheitlich sind auch die Bodenansprüche. Ideal ist ein frischer, lehmiger Boden, der nährstoffreich und durchlässig ist. Ungeeignet sind leicht austrocknende Böden. Diese müssen mit reichlich Kompost verbessert werden.

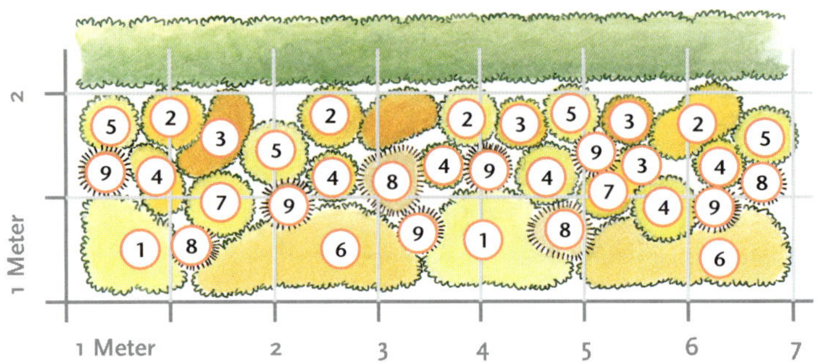

Pflanzplan zu Seite 136/137

Besonders wirkungsvoll ist diese Rabatte vor einem dunklen Hintergrund. Einen wirkungsvollen Rahmen bildet eine geschnittene Hecke, z. B. aus Hainbuche, Buche oder auch Eibe. Bei der Pflanzung sollten Sie den Wuchshöhen Beachtung schenken. Staffeln Sie entsprechend der Höhe, damit alle Stauden gut besonnt werden und richtig zur Geltung kommen.

In den Vordergrund gehören das **Mädchenauge** und der **Sonnenhut.** Beide Stauden pflanzt man in kleineren Gruppen, sodass die niedrigen Horste einen schönen Beetabschluss bilden.
Am höchsten wird die **Fallschirm-Rudbeckie**, Man pflanzt sie deshalb in den Hintergrund. Ideal ist es, wenn sie sich an einen Zaun oder eine Hecke anlehnen kann.
Die **Ruten-Hirse** schlängelt sich als Band durch die Pflanzung. Die schmalen Blätter und die zierlichen Blütenrispen setzen einen willkommenen Kontrast innerhalb der Pflanzung.
Das straff aufrecht wachsende **Garten-Sandrohr** setzt ebenfalls Akzente, es kommt durch die sich wiederholenden Dreiergruppen besonders gut zur Geltung.

TIPP

Die Sortimente von Sonnenauge, Sonnenblume und Goldrute zeigen nicht die farbliche Variationsbreite wie andere Sortimente. Alle Sorten sind gelb blühend, sie unterscheiden sich nur durch Farbnuancen und die Blütenform. Es gibt ungefüllte, halbgefüllte und gefüllte Sorten.

Wie Sie pflegen

Die beiden Sonnenhüte und die Stauden-Sonnenblume blühen unermüdlich um die Wette.

Stauden-Sonnenblume, Sonnenauge, Sonnenbraut und **Sonnenhut** sind unermüdliche Dauerblüher, wenn die verblühten Blüten regelmäßig ausgeschnitten werden.
Die Blütenstände der **Goldrute** werden nach dem Verblühen ebenfalls ausgeschnitten, hier jedoch um das Versamen zu vermeiden. Man entfernt nur den Blütenstand, das Laub bleibt erhalten. So entstehen keine Lücken in der Pflanzung und die Pflanzen bleiben kräftig. Durch das Ausschneiden wird vermieden, dass ständig neue Keimlinge der Goldrute auftauchen.
Die **Fallschirm-Rudbeckie** sollte aufgrund der Wuchshöhe gestäbt werden. Als Alternative dazu kann man die Triebe im Juni auf die halbe Höhe zurückschneiden. Der Rückschnitt verzögert zwar die Blüte, verbessert aber die Standfestigkeit der Pflanzen.

Die verwendeten Stauden sind so einfach zu handhaben, dass sie auch dem Gartenneuling keine Schwierigkeiten bereiten. Alle Arten sind pflegeleicht und können über Jahrzehnte am selben Standort verbleiben.

Was Sie auch nehmen können

statt (2) **Goldball-Sonnenhut** ***(Rudbeckia lacinata)*** **'Goldball'**

statt (2) **Weidenblättrige Sonnenblume** ***(Helianthus salicifolius)***

statt (4) **Rotstiel-Sonnenblume** ***(Helianthus atrorubens)*** **'Monarch'**

Herbstzauber mit Astern und Gräsern

Die Vielfalt herbstblühender Astern und Gräser bietet die Möglichkeit für ein Herbstbeet, das den Garten zum Ausklang des Jahres noch einmal verzaubert. Das Sortiment der Herbstastern ist äußerst vielfältig. Verwendet werden in dieser Gestaltung die niedrigen Kissen-Astern, kleinblütige Myrten-Astern und die Glattblatt-Astern.
In einer Herbstrabatte lassen sich Astern eindrucksvoll mit Gräsern kombinieren. Gräser verleihen der Pflanzung Leichtigkeit und Bewegung. Das Chinaschilf ist ein unverzichtbarer Strukturbildner, der die Pflanzung dominiert. Das Diamantgras überrascht im Herbst mit prachtvollen silbrigen Ähren.
Hohe Flammenblume, Indianernesseln, Purpursonnenhut und Feinstrahlastern setzen bereits im Hochsommer erste farbliche Akzente, bevor der Herbstzauber beginnt.

1. **15 x Kissen-Aster *(Aster*-Dumosus-Hybride), z. B. 'Lady in Blue', 'Prof. Dr. A. Kippenberg'**
2. **6 x Myrten-Aster *(Aster ericoides)* 'Herbstmyrte'**
3. **4 x Glattblatt-Aster *(Aster novi-belgii)*, 'Dauerblau', 'Schöne von Dietlikon'**

Was Sie brauchen

4 7 x Purpursonnenhut *(Echinacea purpurea)* 'Alba'

5 4 x Feinstrahlaster *(Erigeron-*Hybride) 'Dunkelste Aller'

6 6 x Indianernessel *(Monarda*-Hybride) 'Prärienacht', 'Blaustrumpf'

7 4 x Stauden-Phlox *(Phlox paniculata)* 'Pax', 'Schneeferner'

8 4 x Purpur-Fetthenne *(Sedum telephium)* 'Herbstfreude'

9 5 x Riesen-Ehrenpreis *(Veronicastrum virginicum)* 'Alba'

10 4 x Diamantgras *(Calamagrostis brachytricha, Syn.: Achnatherum brachytricha)*

11 5 x Chinaschilf *(Miscanthus sinensis)* 'Silberfeder', 'Gracillimus'

Wie Sie pflanzen

Astern und ihre Begleiter entwickeln nur an einem sonnigen Standort ihre volle Schönheit. Beste Wachstumsvoraussetzungen schafft ein frischer, nährstoffreicher Boden; ideal ist ein humoser Lehmboden. Falls eine Bodenverbesserung notwendig ist, kann der Boden mit Kompost angereichert werden. Gepflanzt wird im Frühjahr oder Herbst. Zuvor sollte der Boden gründlich vorbereitet werden.

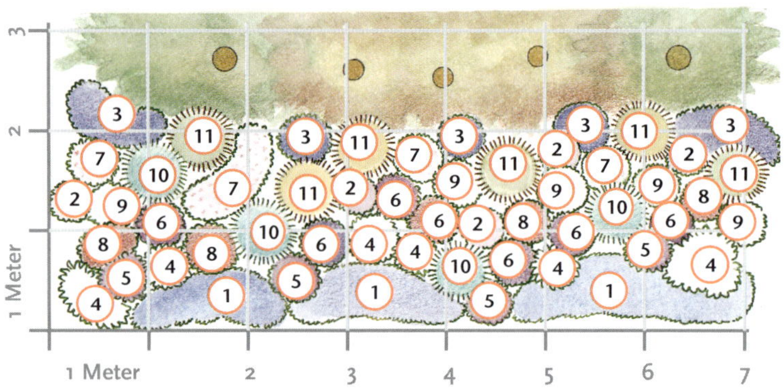

Pflanzplan zu Seite 140/141

Die **Kissen-Astern,** die das ganze Jahr ansehnlich sind, werden gruppenweise im Vordergrund gepflanzt. Die flachen Polster überspielen den Übergang zur Rasenkante. Um Abwechslung zu schaffen, kann man verschiedene Sorten verwenden, die sich in Wuchshöhe und Blütenfarbe unterscheiden.

Im mittleren Bereich werden die Stauden so gesetzt, dass sich spannungsvolle Kombinationen ergeben. Erzeugen Sie Kontraste, indem Sie beispielsweise **Myrten-Astern** mit ihren grazilen, zierlichen Blütenstände neben die **Purpur-Fetthenne** mit ihren großen Blütentellern platzieren. Eine schöne Kombination ist auch das Zusammenspiel der kerzenartigen Blütenstände des **Riesen-Ehrenpreises** mit den Margeritenblüten des **Purpursonnenhuts**.
Hier sind der phantasievollen Pflanzweise keine Grenzen gesetzt.
In den Hintergrund pflanzen Sie das **Chinaschilf.** Während die *Miscanthus*-Sorte 'Silberfeder' jedes Jahr überreich blüht, kommt 'Gracillimus' nur ganz selten zur Blüte. Dafür entschädigen die schöne Wuchsform und die besonders schmalen linealischen Blätter.

TIPP

Herbstblühende Astern bringen Farbe in den Herbst. Nach Wuchshöhe und Blütengröße unterscheidet man Glattblatt-, Raublatt-, Myrten- und Kissen-Astern.

Wie Sie pflegen

Nach dem Austrieb der Stauden düngen Sie das Beet mit etwa 80 g/m² Volldünger. Zusätzlich kann das Beet humusiert, das heißt mit einer 3–4 cm starken Kompostschicht überzogen, werden. Durch den Kompost wird die Bodenstruktur verbessert und die zusätzlichen Nährstoffe kommen den Stauden zugute.

Astern und **Indianernesseln** werden im Hochsommer bei wechselnder Bodenfeuchte häufig von Echtem Mehltau befallen. Deshalb sollte man in Trockenzeiten gründlich wässern, da eine gleichmäßige Bodenfeuchte die beste vorbeugende Maßnahme gegen diese Pilzkrankheit ist.

Glattblatt-Astern, der **Riesen-Ehrenpreis** und **Stauden-Phlox** müssen bei Bedarf gestäbt werden.

Feinstrahlastern können nach der Blüte im Frühsommer bis auf den Boden zurückgeschnitten werden; dadurch erzielt man einen zweiten Blütenflor im Spätsommer. Eine zweite Düngergabe (etwa 40 g/m²) und Wässern verbessert die Zweitblüte.

Der **Purpursonnenhut** ist kurzlebig und muss alle 3–4 Jahre nachgepflanzt werden.

Schnee und Frost, besonders Raureif, verwandeln die Gräser und Fruchtstände der Stauden in eine winterliche Wunderwelt. Deshalb sollte man den Rückschnitt der Stauden auf das Frühjahr verschieben. Bei den **Gräsern** bietet das alte Laub auch gleichzeitig einen Winterschutz. Die jungen Austriebe von Astern und Purpursonnenhut werden gerne von Schnecken abgefressen. Daher ist es wichtig, rechtzeitig Abwehrmaßnahmen zu ergreifen.

Ideale Partner: Chinaschilf und herbstblühende Glattblatt-Astern.

Was Sie auch nehmen können

statt (3) **Raublatt-Aster *(Aster novae-angliae)*, z. B. 'Barr's Blue', 'Violetta'**

statt (9) **Gelenkblume *(Physostegia virginiana)* 'Summersnow'**

statt (11) **Riesen-Pfeifengras *(Molinia arundinacea)*, z. B. 'Windspiel', 'Transparent'**

Rosen im ländlichen Ambiente

Den ländlichen Garten prägt das kunterbunte Miteinander von Nutz- und Zierpflanzen. Einjährige Sommerblumen wie JungferimGrünen oder Bechermalven finden hier ebenso ihren angestammten Platz wie Gemüse. Großblütige Stauden wie Phlox und Rittersporn sind genauso typische Vertreter wie Küchenkräuter und Rosen. Das buchsgesäumte Karree mit dem Wegekreuz ist ein charakteristisches Merkmal der traditionellen Bauerngärten vergangener Jahrhunderte.

Sein Zentrum markiert hier eine Hochstammrose, unterpflanzt mit duftenden Würzkräutern. Diese Kombination sieht nicht nur gut aus, sie schützt die Rose gleichzeitig vor Krankheiten und Schädlingen. Die traditionsreiche Jakobitenrose am Zaun ist Sichtschutz und wohlriechende Visitenkarte zugleich. Am Gartentor und an der Hauswand erschließen Kletterrosen die dritte Dimension und vermitteln Raumgefühl. Üppige Blumen säumen die Wege.

Was Sie brauchen

1. **4 x Kletterrose *(Rosa)* 'Ilse Krohn Superior', weiß, gefüllt, öfterblühend**
2. **2 x Kletterrose *(Rosa)* 'Sympathie', rot, gefüllt, öfterblühend**
3. **1 x Jakobitenrose = Alte Strauchrose *(Rosa × alba)* 'Maxima', weiß, gefüllt, einmalblühend**
4. **1 x Hochstammrose *(Rosa)* 'La Paloma '85', weiß, gefüllt, öfterblühend**
5. **8 x Thymian *(Thymus vulgaris)***
6. **5 x Garten-Salbei *(Salvia officinalis)***
7. **7 x Lavendel *(Lavandula angustifolia)***
8. **2 x Stauden-Phlox *(Phlox paniculata)*, z. B. 'Kirmesländler', weiß mit rotem Auge, hoch**
9. **2 x Stauden-Phlox *(Phlox paniculata)*, z. B. 'Düsterlohe', dunkelviolett-rot, hoch**
10. **2 x Stauden-Phlox *(Phlox paniculata)*, z. B. 'Landhochzeit', hellviolett-rosa, hoch**
11. **2 x Stauden-Phlox *(Phlox paniculata)*, z. B. 'Pax', weiß, mittelhoch**
12. **2 x Stauden-Phlox *(Phlox paniculata)*, z. B. 'Württembergia' (= 'Jules Sandeau'), rosa, mittelhoch**
13. **2 x Stauden-Phlox *(Phlox paniculata)*, z. B. 'Sternhimmel', hellviolett, mittelhoch**
14. **3 x Rittersporn *(Delphinium-*Hybriden), z. B. 'Grünberg', veilchenblau, hoch**

(15) 3 x Rittersporn *(Delphinium-*Hybriden), z. B. 'Finsteraarhorn', enzianblau, hoch

(16) 1 x Fingerhut *(Digitalis purpurea)*, rosa und weiß

(17) 10 x Bechermalve *(Lavatera trimestris)*

(18) 16 x Jungfer im Grünen *(Nigella damascena)* 'Miss Jekyll', himmelblau

(19) 3 x Stockrose *(Alcea rosea)*

(20) 90 x Buchsbaum *(Buxus sempervirens)* 'Suffrutticosa', immergrün

Wie Sie pflanzen

Dieser Pflanzvorschlag umfasst einen ganzen Garten und vereint mehrere für Bauerngärten typische Elemente. Wer nicht so viel Platz zur Verfügung hat, kann problemlos und dennoch wirkungsvoll einzelne Teile davon umsetzen, etwa den Kräuterkreis mit Hochstammrose, das Gemüse-Buchsbaum-Karree mit Wege-

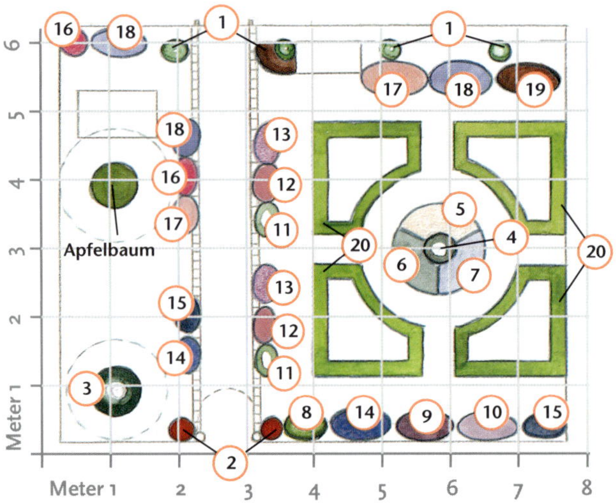

Pflanzplan zur Gestaltung Seite 144/145

kreuz oder einfach die Kombination von Rosen mit den üppigen Stauden-Phloxen aus dem Bauerngarten und Rittersporn sowie einjährigen Blühern. Bis auf den Fingerhut, der gern im Halbschatten gedeiht, brauchen alle verwendeten Pflanzen einen sonnigen Standort.

Abstand halten

Die **Kletterrose** an der Hauswand braucht ein stabiles Rankgerüst. Montieren Sie es so, dass zur Mauer 20 bis 30 cm Abstand bleiben, damit Luft zirkulieren kann und Mehltau und Schädlinge keine Chance haben. Südwände eignen sich nicht, besser ist eine Südost- oder Südwest-Ausrichtung. Die stattliche 'Maxima' in ausreichender Entfernung zum Zaun pflanzen, sie wird später sehr breit. Bei der exakten Anlage des Buchsquadrats und des Rondells in der Mitte leisten Schnüre wertvolle Hilfe. **Rosen** und **Buchsbaum** pflanzt man am besten im Herbst, die **Stauden** im Herbst oder Frühjahr. Die zweijährigen **Stockrosen** sät man im Frühjahr, sie blühen erst im Folgejahr oder man kauft vorgezogene Pflanzen. Die robusten einjährigen Sommerblumen **Jungfer im Grünen** und **Bechermalve** sät man im April an Ort und Stelle aus und dünnt die Pflanzen nach dem Auflaufen aus.

TIPP

Ringelblumen, Tagetes und Kapuzinerkresse sind ebenfalls typische Bauerngartenblumen. Sie passen gut zwischen die Gemüsepflanzen im Buchsquadrat.

Wie Sie pflegen

Hochstammrosen sind in alten Bauerngärten häufig in bunter Gesellschaft mit Gemüse anzutreffen.

Die Rosen

Leiten Sie die Triebe der **Kletterrosen** in den ersten Jahren in die gewünschte Richtung und befestigen Sie sie am Rosenbogen bzw. am Wandspalier. Biegen Sie an der Hauswand einige Triebe beizeiten in die Waagerechte, indem Sie sie z. B. unter den Fenstern entlangleiten. So wird reichlicher Blütenansatz gefördert. In den ersten drei Jahren lässt man Kletterrosen einfach wachsen. Danach schneidet man bei Öfterblühenden im Frühjahr die Seitentriebe auf etwa vier Augen zurück.

Die Krone der **Hochstammrose** im Winter mit Reisig oder Leinen vor Frösten schützen, im Frühjahr auf 20 bis 30 cm zurückschneiden. Die ehrwürdige, einmalblühende **Jakobitenrose** lässt man am besten wachsen. Später alle paar Jahre überalterte Triebe wegschneiden.

Die Begleiter

Die **Buchseinfassung** braucht einmal jährlich, am besten im Spätwinter, einen Schnitt. Die **Küchenkräuter** sollten Sie möglichst häufig beernten. Sie danken es mit dichter Verzweigung und kompaktem Wuchs. **Rittersporn** kommt zu einer zweiten Blüte, wenn Sie ihn nach dem Verblühen im Juli über dem Boden zurückschneiden. Beim **Fingerhut** verlängert der Rückschnitt nach der Blüte die Lebensdauer der Pflanze. Achten Sie beim **Phlox** auf regelmäßiges Gießen, um Mehltau vorzubeugen. Die Aussaat der einjährigen **Sommerblumen** im Frühjahr gleichmäßig feucht halten.

Was Sie auch nehmen können

- **statt (1)** **4 x Ramblerrose *(Rosa)* 'Paul's Himalayan Musk', rosa, gefüllt, einmalblühend**
- **statt (2)** **2 x Kletterrose *(Rosa)* 'Super Dorothy', rosa, gefüllt, öfterblühend**
- **statt (3)** **1 x Alte Rose *(Rosa × alba)* 'Semiplena', weiß, halbgefüllt, einmalblühend**

Inselbeet mit Sommerblumen

Diese kleine Roseninsel widerlegt ein gängiges Vorurteil. Es zeigt, dass Rosen und einjährige Sommerblumen sehr wohl perfekt als Team harmonieren. Ein Teppich aus Saisonblühern steigert die malerische Wirkung von 'The Fairy'. Rosa, Violett, Himmelblau und Weiß untermalen die barocke Ausstrahlung des Hochstämmchens in der stimmigen Farbpalette. Die Höhenstaffelung sowie die etwas verspielte Anordnung der Arten gewährleisten, dass aus jedem Blickwinkel ein harmonischer Farbdreiklang zu sehen ist.

Vielseitig einsetzbar

Diese kleinräumige Lösung passt überall hin: in den Vorgarten, als Blickfang in den Rasen oder in kleine Gartennischen. Da die Einjährigen ohnehin jedes Jahr neu gepflanzt werden müssen, sind sie eine ideale Zwischenlösung. Weiterer Vorteil: Gefällt Ihnen die Pflanzung doch nicht so gut, probieren Sie in der nächsten Saison einfach etwas Neues aus.

Was Sie brauche

1. **1 x Hochstammrose *(Rosa)* 'The Fairy', hellrosa, gefüllt, öfterblühend**
2. **20 x Jungfer im Grünen *(Nigella damascena)*, himmelblau, z. B. 'Miss Jekyll'**
3. **14 x Bechermalve *(Lavatera trimestris)***
4. **20 x Männertreu *(Lobelia erinus)* 'Schneeball', weiß**
5. **12 x Vanilleblume *(Heliotropium arborescens)* 'Mini Marine', violett**

1
2
3
3
4
5

Wie Sie pflanzen

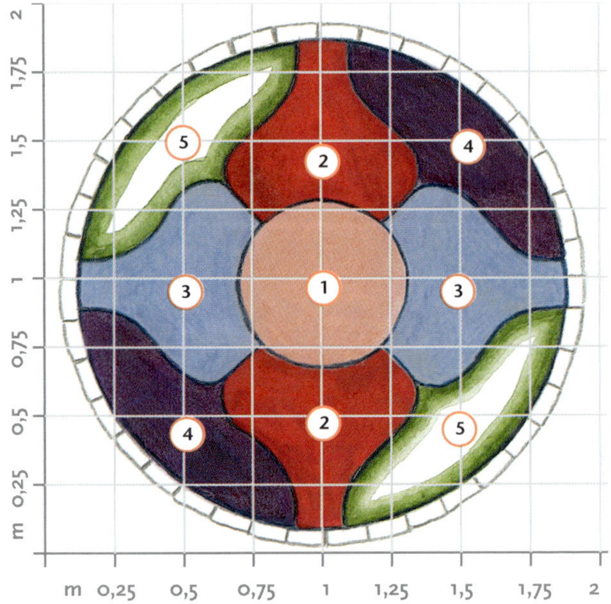

Pflanzplan zur Gestaltung Seite 148/149

Dieses Inselbeet blüht von Mai bis in den späten Herbst hinein ununterbrochen. Dafür braucht es einen sonnigen Standort mit guter, humusreicher Erde. Die **Hochstammrose** pflanzt man im November. Geben Sie als Stütze bis zum Anwachsen einen Pfahl mit ins Pflanzloch, der nach dem Eingraben noch bis in die Krone reicht. Diese mit einer Achterschlinge locker daran festbinden. Die Krone mit Reisig oder einem Leinensack vor der Wintersonne schützen.

Direktaussaat ins Beet

Im Frühjahr sollte man den Boden gut lockern und von Unkraut befreien. **Bechermalven** und **Jungfer im Grünen** können Sie ab April direkt ins Freilandbeet einsäen. Samentütchen gibt es in jedem Gartencenter. Glätten Sie die Bodenoberfläche und feuchten Sie die Erde gut an. Verteilen Sie anschließend die Samen gleichmäßig über die Fläche und drücken sie leicht an. Bis zum Keimen für gleichmäßige Bodenfeuchte sorgen. Nach dem Auflaufen (Keimen) die Pflänzchen auf etwa 15 cm Abstand vereinzeln, Bechermalven auf 50 cm.

Männertreu und **Vanilleblume** kauft man als Klassiker des Standard-Balkonblumensortiments am besten als fertige Jungpflanzen im Fachhandel und setzt sie nach den Eisheiligen Mitte Mai ins Beet.

TIPP

Bechermalven gibt es auch in Weiß, Jungfer im Grünen ebenfalls in Weiß und zudem in Rosa. Männertreu überzeugt auch in vielen Blau- und Rosatönen. Sie können also die Arten und damit die Höhenstaffelung dieser Pflanzung innerhalb desselben Farbspektrums variieren.

Wie Sie pflegen

Die Rose

'The Fairy' ist eine ausgesprochen problemlose und blühfreudige Sorte. Sie macht wenig Mühe. Entfernen Sie Ende März den Winterschutz von der Krone und schneiden Sie die Triebe auf 15–20 cm Länge zurück. Gönnen Sie ihr eine Gabe Kompost oder Rosendünger. Während ihrer langen Blütezeit (bis in den Oktober hinein) stehen kleine rosettenförmige Blüten in üppigen, dichten Büscheln zusammen, auch wenn man verblühte Blumen nicht zurückschneidet. Da der Hochstamm aber das Highlight dieser Schmuckpflanzung ist, lohnt es sich doch, ihn aus optischen Gründen gelegentlich etwas auszuputzen.

Die Begleiter

Die Sommerblüher müssen jedes Jahr neu ausgesät bzw. gepflanzt werden. Damit entfällt jegliche Art von Winterschutz. Während der Saison auf ausreichende, gleichmäßige Wasserversorgung achten und gelegentlich flüssig düngen.

Bei den **Vanilleblumen** verbräunte Blüten entfernen. **Bechermalven** und **Lobelien** reinigen sich weitgehend von selbst. Bei der **Jungfer im Grünen** lohnt es sich, die Pflanzen ihre aparten Fruchtkapseln entwickeln zu lassen. Sie ergeben eine Bereicherung für Trockensträuße.

Der zierliche Duftsteinrich wäre in dieser Pflanzung eine Alternative zum weißen Männertreu.

Alle ausgewählten Arten blühen nahezu ununterbrochen bis in den Oktober hinein. Nach den ersten Frösten die abgestorbenen Pflanzen entfernen.

Was Sie auch nehmen können

statt (1) **1 x Hochstammrose *(Rosa)* 'Bonica '82', rosa, gefüllt, öfterblühend, oder 'Swany', 'Schneeflocke', 'Alba Meidiland', jeweils weiß, gefüllt, öfterblühend**

statt (4) **20 x Duftsteinrich *(Lobularia maritima)*, weiß, duftend**

Herbstfeuerwerk – Rosen temperamentvoll

Diese Gestaltung ist nichts für zaghafte Gemüter. Sie strotzt vor Glut und Temperament. Die sehr dominante Farbe Rot verlangt viel Fingerspitzengefühl bei der Kombination im Garten. Dieses Ensemble geht ein mutiges Zusammenspiel vieler Rottöne ein und erlebt seinen fulminanten Höhepunkt im Herbst.

Die beiden Englischen Rosen blühen und glühen zwar während der ganzen Saison. Und sie stehen mit dem feurigen, »immerroten« Japanischen Blutgras, dem Purpur-Salbei, der geheimnisvoll schwarzroten Stockrose sowie der samtigen Waldrebe schon im Frühsommer in hitziger Spannung. Aber erst wenn im August die unterschiedlich roten Dahlien und die tiefvioletten Astern ihr Farbfeuer eröffnen, unterstützt von den herbstlich kupferrot gefärbten Halmen der Rutenhirse, explodiert das Beet in einem Wirbel rötlicher Schattierungen quer durch das ganze Spektrum – eine leidenschaftliche Liebeserklärung an den Herbst.

Was Sie braucher

1. **1 x Englische Rose *(Rosa)* 'The Squire', dunkel karmin-bordeauxrot, gefüllt, öfterblühend**
2. **1 x Englische Rose *(Rosa)* 'L. D. Braithwaite', leuchtend karmesinrot, gefüllt, öfterblühenc**
3. **2 x Waldrebe *(Clematis*-Hybride) 'Niobe', sehr dunkel samtrot**
4. **3 x Stockrose *(Alcea rosea)* 'Nigra', dunkel samtig schwarzrot**
5. **3 x Duplex-Dahlie *(Dahlia)* 'Bishop of Llandaff', hellrot mit dunkler Mitte, Laub dunkelgrün bis rotbraun**
6. **1 x Schmuckdahlie *(Dahlia)* 'Arabian Night', schwarzrot**
7. **2 x Einfache Dahlie *(Dahlia)* 'Schloss Reinbek', orange und dunkelrot**
8. **4 x Rutenhirse *(Panicum virgatum)* 'Rehbraun', kupferrote Herbstfärbung, hochwachsend**
9. **1 x Rutenhirse *(Panicum virgatum)* 'Haense Herms', rotbraune Herbstfarbe, niedrig**
10. **7 x Bergaster *(Aster amellus)* dunkel-violett, z. B. 'Veilchenkönigin'**
11. **4 x Japanisches Blutgras *(Imperata cylindrica)* 'Red Baron', leuchtend rote Halme während der ganzen Saison**
12. **7 x Purpur-Salbei *(Salvia officinalis)* 'Purpurascens', violett-purpur überlaufene Blätter**

3
3
3
4
1
5
6
2
8
8
9
7
10
10
11
11
11
12
11

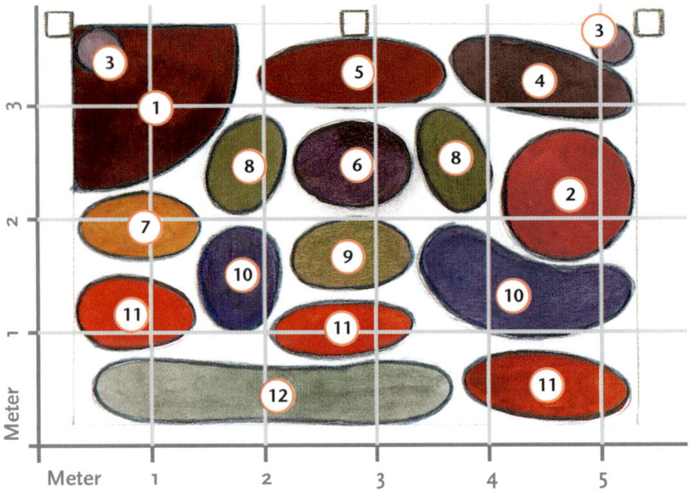

Pflanzplan zur Gestaltung Seite 152/153

Dieses Beet braucht ein sonniges Plätzchen und einen nahrhaften Boden, um seine ganze Pracht zu entfalten. Die Rankhilfe für die Waldreben rahmt das Ensemble optisch ein. So passt es gut als Einheit vor die Terrasse. Wem dieser Ausblick zu aufregend ist, der kann das Ensemble auch gut an den Zaun rücken oder in eine Gartennische.

Gestaffelte Pflanzzeit

Verankern Sie zunächst das Klettergerüst fest im Boden. Setzen Sie die **Waldreben** mindestens 30 bis 50 cm von den Nachbarpflanzen entfernt, aber ruhig so, dass ihre Basis später von deren Blättern beschattet wird. Die Triebe schlingen sich von alleine am Gerüst hoch der Sonne entgegen. Man braucht sie nicht anzubinden.

Vorgezogene **Stockrosen** pflanzt man im Frühherbst, **Rosen** und **Waldreben** im Spätherbst. **Bergastern** und **Gräser** bringen Sie am besten im Frühjahr ins Beet. Die **Dahlien**-Knollen steckt man Ende April in die Erde. Der Wurzelhals muss dabei gut 5 cm unter die Oberfläche kommen. Wie alle Zwiebel- und Knollenpflanzen brauchen sie durchlässigen Boden. Zu viel Nässe lässt sie faulen. Auf schweren Böden deshalb das Pflanzloch mit einer Drainageschicht aus Kies oder grobem Sand versehen.

TIPP

Haben Sie mehr Platz zur Verfügung, erweitern Sie die Pflanzung um weitere Rosen im Purpur- bis Samtrot-Spektrum, z.B. 'The Prince' (60–80 cm) sowie die Alte Rose 'Tuscany' (130–150 cm). Sie blüht nur einmal, stimmt daher nicht ins Herbstfeuerwerk mit ein, dafür bereichert sie den Frühsommer.

Wie Sie pflegen

Die Rosen

Von 'The Squire' heißt es, keine andere **Englische Rose** habe so atemberaubend perfekte Blüten wie sie. Deshalb lohnt es sich auch, ab und zu eine für die Vase zu schneiden. Der Preis für die Blütenschönheit ist ein mitunter etwas staksiger Wuchs. Doch hier im Hintergrund der Rabatte spielt das keine große Rolle. Man lässt sie einfach wachsen. Ist man mit ihrer Gestalt nicht mehr zufrieden, kann man sie alle paar Jahre im Spätwinter auch stärker zurückschneiden, um den Strauch neu aufzubauen. Die kleinere 'L. D. Braithwaite' mit ihren leuchtend karminroten Blüten überzeugt auch im Wuchs. Man reduziert sie vor dem Austrieb um gut ein Drittel ihrer Trieblänge.

Die Begleiter

Die **Stockrosen** im Sommer gut gießen und gelegentlich düngen. **Astern, Gräser** und **Purpur-Salbei** sparsamer mit Nährstoffen versorgen. Astern nach der Blüte, Gräser im Frühjahr zurückschneiden.

Das **Japanische Blutgras** erweist sich als etwas frostempfindlich. Nur in wintermilden Weinbauregionen ist es problemlos ausdauernd, in raueren Gebieten braucht es Winterschutz. Decken Sie es mit einem dicken Hügel aus Reisig, Laub oder Stroh ab und schützen Sie

Das temperamentvolle, violett-laubige Purpurglöckchen bevorzugt eher halbschattige Lagen.

ihn mit einer Leinendecke gegen das Verwehen. Bei den **Dahlien** während der Blütezeit Verwelktes entfernen. Nach den ersten Frösten schneidet man die Pflanzenreste eine Handbreit über dem Boden ab, holt die Knollen aus der Erde und überwintert sie in einem luftigen Keller, bei etwa 4 °C.

Was Sie auch nehmen können

statt (12) **5 x Purpurglöckchen *(Heuchera micrantha)* 'Palace Purple', rotes Laub**

oder **7 x Kriechender Günsel *(Ajuga reptans)* 'Atropurpurea', rotes Laub**

Paradiesisch naturnahe Gestaltung

Einen Hauch von Urwaldatmosphäre verbreitet die Ramblerrose 'Bobbie James'. Mit ihren lianenartigen Trieben klettert sie in einen alten Obstbaum und verschafft ihm eine cremeweiße »zweite Blüte« im Juni/Juli durch ihren Schleier aus Rosenbüscheln. Die Wildrosenhecke mit ihren einfachen hellrosa Blüten im Hintergrund setzt die naturnahe Gestaltung fort. Ihr junges Laub duftet zart nach Äpfeln, was ihr den Namen Apfelrose einbrachte. Insekten dient sie als Nahrungsquelle, Vögel erfreuen sich im Herbst an ihren Hagebutten. Außerdem schätzen sie das gut zwei Meter hohe Dickicht als Nistplatz.
Den Hang zur Terrasse überzieht 'The Fairy' als Bodendecker mit ihrem dichten Wuchs und hält ihn damit auf natürliche Weise unkrautfrei. Efeu verkleidet die Hauswand mit einem grünen Pelz und sorgt zusammen mit dem heimischen Fingerhut und der hohen Blumenwiese für ungezähmte Feld-, Wald- und Wiesenstimmung.

Was Sie brauchen

1. **5 x Apfelrose *(Rosa rubiginosa)*, hellrosa, einfach, einmalblühend**

2 1 x Ramblerrose *(Rosa)* 'Bobbie James', weiß, einfach, einmalblühend

3 20 x Bodendeckerrose *(Rosa)* 'The Fairy', rosa, gefüllt, öfterblühend

4 4 x Fingerhut *(Digitalis purpurea)* 'Gloxiniaeflora', großblütig, weiß-pastellrosa-purpur gefleckt

5 2 x Efeu *(Hedera helix)*, immergrün

Wie Sie pflanzen

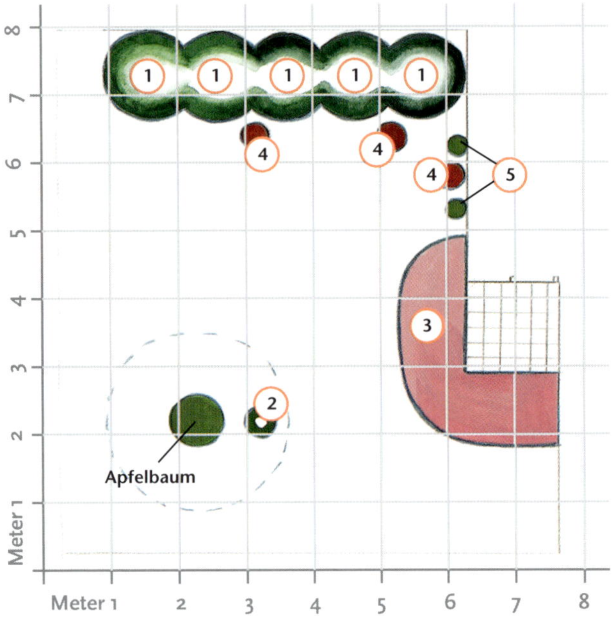

Pflanzplan zur Gestaltung Seite 156/157

Für alle, die im Garten lieber die Hängematte genießen, als über Pflegearbeiten zu schwitzen, ist diese naturnahe Gestaltung ideal. Allerdings erfordert sie einigen Platz. Die Wildrosenhecke nimmt nach einigen Jahren gut 2 m Breite in Anspruch. Die robusten Sträucher gedeihen auch noch im Halbschatten. Apfelbaum und Rambler sollten dagegen vollsonnig und nicht zu bedrängt stehen.
Setzen Sie den Rambler mindestens 1 m vom Apfelstamm entfernt ein und heben Sie das Pflanzloch großzügig aus, damit die Wurzelkonkurrenz in den ersten Jahren nicht zu stark ist. Mit einer kräftigen Schnur die ersten Meter in den Baum überbrücken. Später finden die Rosentriebe alleine Halt im Geäst.

Wurzelechte Rosen pflanzen

Hecken- und Bodendeckerrosen sollten Sie nicht wie üblich als veredelte, sondern als wurzelechte Pflanzware kaufen, damit Sie später im Dickicht keine Wildtriebe entfernen müssen. Fragen Sie beim Kauf nach.
Den **Efeu** etwa 30 cm vor die Hauswand setzen, als Haftwurzelkletterer erobert er die Senkrechte von alleine. Die **Blumenwiese** gibt es als fertige Aussaatmischung im Fachhandel. **Fingerhut** gehört in den Halbschatten von Heckenrand oder Hauswand. Man sät ihn im Juni aus. Im September wird er umgepflanzt bzw. auf 40 cm Abstand vereinzelt. Erst im Folgejahr erscheint die erste Blüte.

TIPP

Wer die (ur)waldartige Stimmung verstärken möchte, pflanzt einige Farne in den Halbschatten und hohe Gräser in die Sonne.

Wie Sie pflegen

Die Rosen

Der **Rambler** braucht nach der Pflanzung zwei bis drei Jahre, bis er sich durch die Apfelkrone zu Licht und Sonne vorgearbeitet hat. Erst dann wird er seine reichen Blütenwolken entfalten. Bis dahin sollten Sie ihn möglichst in Ruhe lassen. Später entfernt man gelegentlich abgestorbene Triebe und stutzt ihn wo nötig zurück. Ähnliches gilt für die **Wildrosenhecke.** In den ersten Jahren gewährt sie noch etwas Durchblick, bevor sich die Reihe schließt. Schnittmaßnahmen sind erst in späteren Jahren erforderlich und beschränken sich auf das Entfernen abgestorbener oder überalterter Triebe. Stärkerer Schnitt wird zwar vertragen, geht bei den einmalblühenden Wildrosen aber immer zu Lasten des Blütenansatzes.

Zwischen den **Bodendeckerrosen** in den ersten Jahren Unkraut jäten oder mulchen. Später erfordert auch diese Fläche kaum mehr Pflege, da der breite Wuchs und die üppige Laubentwicklung Wildkräuter unterdrücken. Regelmäßiger Schnitt ist überflüssig. Wenn nötig, kann man nach mehreren Jahren die ganze Fläche im Frühjahr auf 30 cm Höhe zurückschneiden oder abmähen. Die Rosen treiben dann neu durch und verzweigen sich dichter. Bei wurzelechten Pflanzen erübrigt sich auch das Anhäufeln im Winter.

Ein Obstbaum mit malerischem Blütenvorhang: der Rambler 'Weddingday' erobert eine Baumkrone.

Die Begleiter

Der **Fingerhut** gehört zu den kurzlebigen Stauden. Schneidet man ihn nach der Blüte zurück, verlängert dies die Lebenszeit.

Was Sie auch nehmen können

statt ① 5 x Zimtrose *(Rosa majalis)*, rosarot, einfach, einmalblühend

statt ② 1 x Ramblerrose *(Rosa)* 'Paul's Himalayan Musk', rosa, gefüllt, einmalblühend

statt ③ 16 x Bodendeckerrose *(Rosa)* 'Swany', weiß, gefüllt, öfterblühend

Eine alte Gartenhütte, in eine Duftlaube verwandelt

Diese alte Gartenhütte wird fast völlig eingehüllt und in eine romantische Laube verwandelt.

- An der am besten sichtbaren Seite, ideal ist Süd- oder Westlage, klettern eine Rambler-Rose und eine Clematis bis über das Dach. Ein einfaches Holzgerüst gibt ihnen Halt.
- Die abgewandte Seite wird mit einem sommerblühenden Geißblatt bepflanzt, die Rückseite mit einem winterblühenden.
- Alle vier Kletterpflanzen wachsen auf dem Dach ineinander und sorgen dafür, dass fast das ganze Jahr hindurch duftende Blüten erscheinen.
- Unverwüstliche und leicht zu pflegende Stauden werten den unteren Bereich auf.
- Lediglich zwei Kugelbuchse sorgen für einen ruhenden Pol in der lockeren, romantischen Bepflanzung. Besonders schön sehen sie in alten, dicken Tontöpfen aus.

Die Düfte sind blumig, süß und würzig, die Farben Gelb, Weiß und Violett. Rote Früchte leuchten im Herbst und Winter.

Was Sie brauchen

1. **1 x Rose 'Rambling Rector' (Rambler-Rose)**
2. **1 x Waldrebe *(Clematis × triternata)* 'Rubromarginata'**
3. **1 x Winterblühendes Geißblatt *(Lonicera × purpusii)* 'Winter Beauty'**
4. **1 x Wald-Geißblatt *(Lonicera periclymenum)* 'Graham Thomas'**
5. **2 x Lavendel in Weiß *(Lavandula angustifolia* 'Nana Alba')**
6. **4 x Taglilie *(Hemerocallis)*, z. B. *H. lilioasphodelus* (gelb) oder *H.*-Hybride 'Gentle Shepherd' (cremefarben)**
7. **2 x Stauden-Phlox *(Phlox paniculata)*, z. B. 'Mia Ruys'**
8. **4 x Nachtviole in Weiß *(Hesperis matronalis* 'Alba')**
9. **2 x Buchsbaum *(Buxus sempervirens)* z. B. 'Suffruticosa'**

4
3
1
2
6
7
6
9
5
8
5

Wie Sie pflanzen

Eine alte Gartenhütte, eine Garage oder ein Fahrradschuppen sieht in einem Garten meist nicht sehr attraktiv aus. Wie leicht lässt sich ein Schmuckstück daraus machen. Die Gestaltung ist weder aufwändig noch kostspielig.

Die am besten sichtbare Seite wird für die Ramblerrose und die Clematis reserviert. Diese Wand bekommt ein Holzgerüst oder auch nur Latten als Kletterhilfe. Der Abstand zur Wand soll mindestens 10 cm betragen.

Nun wird die **Rose** in ein gut vorbereitetes Loch gepflanzt, nicht zu dicht an der Wand. Ihre Triebe werden ausgebreitet und locker vor den Latten befestigt. Versuchen Sie, diese Rose auf eigener Wurzel zu bekommen. So bleibt Ihnen später das lästige Entfernen von Ausläufern erspart. In einem Abstand von 50 cm daneben wird die **Clematis** gesetzt.

An die anderen beiden geschlossenen Seiten pflanzt man je ein **Geißblatt.** Für sie sind gespannte Drähte ausreichend. Sollte ein Fenster vorhanden sein, lassen sich die jungen Triebe leicht herum ziehen. Das winterblühende Geißblatt duftet intensiv nach Veilchen. Lässt sich an der Rückseite der Hütte nichts pflanzen, können beide Geißblätter an dieselbe Seite gesetzt werden.

Der **Lavendel** kommt zu beiden Seiten des Eingangs an die Ecken, der Buchsbaum steht

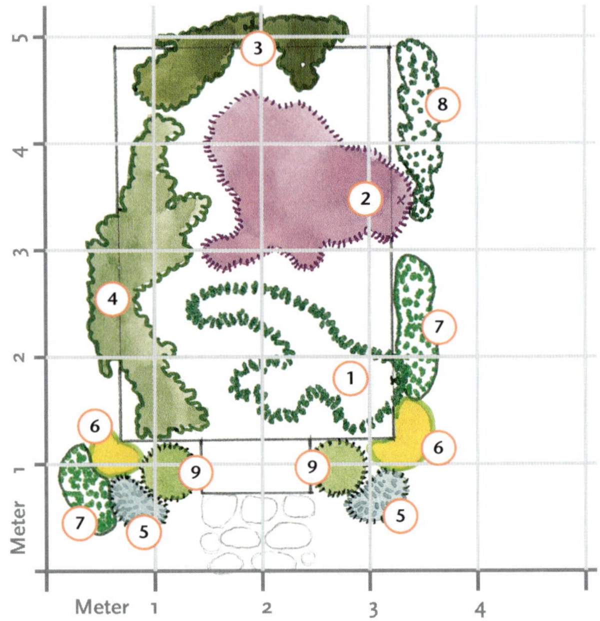

Pflanzplan zur Gestaltung Seite 160/161

entweder im Topf auf der Treppe oder wird direkt neben die Treppe gepflanzt.

Die **Taglilien** werden jeweils zu zweien zwischen den Lavendel und die Rose bzw. das Geißblatt gesetzt.

Die ideale Zeit für die Bepflanzung ist der Herbst. Nur die **Nachtviolen** und der Phlox werden schon im Frühling gepflanzt.

TIPP

Kommen Sie auch im Winter häufig an der Laube vorbei, ist eine Fleischbeere *(Sarcococca)* mit ihrem umwerfenden Winterduft dem Buchs vorzuziehen.

Wie Sie pflegen

Bei dieser Bepflanzung haben Sie mit der Pflege kaum Arbeit. Es darf ruhig etwas verwildert wirken, das erhöht hier noch den Reiz. Und die Düfte von Lavendel und Nachtviolen entfalten sich erst richtig beim Vorbeistreifen.
Die **Ramblerrose** braucht keinen Rückschnitt, lediglich trockene Triebe werden entfernt. Sie blüht im Mai/Juni, die abgeblühten Blütenbüschel werden nicht abgeschnitten, an ihnen bilden sich im Herbst winzige, sehr dekorative Hagebutten, die bis in den Spätwinter hinein für Farbe sorgen. Jedenfalls solange die Vögel noch etwas von ihnen übrig lassen. Die **Clematis** wird jedes Jahr im Spätherbst bis auf ca. 30 cm über dem Boden abgeschnitten.
Die beiden **Geißblätter** bindet man, bis sie das Dach erreicht haben, locker an ihrer Kletterhilfe fest. Sollten sie zu üppig werden, kann man sie nach der Blüte von unten her auslichten. Das wird besonders bei der winterblühenden Art alle drei Jahre nötig sein.
Phlox und **Nachtviolen** blühen fleißig nach, wenn die verwelkten Blütenstände entfernt werden. Lässt man die Spätsommerblüten der Nachtviolen stehen, säen sie sich selbst für das nächste Jahr aus. Im Frühjahr können Sie dann entscheiden, ob Sie die Pflänzchen an der Stelle stehen lassen oder ob Sie sie versetzen wollen.

Charmant in Duft gehüllt wird diese Hütte zum Blickpunkt des Gartens.

Der **Lavendel** darf ohne Schnitt wachsen, nur die Blütenstände würde ich von Zeit zu Zeit für ein Potpourri »ernten«. Selbst das im Spätsommer verwelkende Laub fällt an dieser Stelle kaum auf. Einzig und allein die beiden **Buchskugeln** sollten wirklich wie Kugeln aussehen.
Jedes Frühjahr eine Düngung mit Komposterde und Wässern in trockenen Sommern sind die einzigen regelmäßig wiederkehrenden Arbeiten. Ein Winterschutz ist nicht notwendig.

Was Sie auch nehmen können

statt (5) **2 x Lavendel *(Lavandula angustifolia)* 'Hidcote Blue', dunkelviolette Blüten mit typischem Duft, Höhe 40 cm**

statt (7) **1 x Englische Rose 'Glamis Castle', große weiße Blütenschale mit einem Hauch Rosa, kräftiger Myrrheduft**

statt (9) **1 x Falscher Jasmin *(Philadelphus*-Hybride) 'Dame Blanche', locker gefüllte, weiße, orangenähnlich duftende Blüten, Höhe bis 1,50 m**

Duftender Rosenbogen – einmal anders

Dieser »Rosenbogen« kann mitten im Rasen angelegt werden – als Abgrenzung für ein lauschiges Plätzchen oder um den Garten durch Unterteilung interessanter zu gestalten.

- Ein Obelisk bildet den Mittelpunkt. Er verleiht der Rosenrabatte Höhe, durch die Bepflanzung mit einer Glyzine ergibt sich ein Frühjahrsaspekt. Im Winter wirkt er durch seine bizarre Form.
- Im Sommer ist dieser Mittelpunkt der ruhende Pol in dem Bogen, dessen Höhe wellenförmig verläuft.
- Die Rose 'Comte de Chambord' sieht auch sehr hübsch auf einem Zwergstamm aus.
- Fleischbeere und zwei Buchskugeln geben der Rabatte auch im Winter einen Halt.

Rosmarin und Duftpelargonien werden in Töpfen im Boden versenkt und im Winter herausgenommen, um sie frostfrei zu überwintern. Die Düfte sind lieblich, fruchtig, süß und kräftig, die Farben Weiß, Zartrosa und Kräftigrosa.

Was Sie brauchen

1. **1 x Glyzine *(Wisteria brachybotrys)* 'Shiro-kapitan'**
2. **2 x Rose 'Glamis Castle' (Englische Rose)**
3. **2 x Rose 'Celsiana' (Damaszener-Rose)**
4. **2 x Rose 'Comte de Chambord' (Portland-Rose)**
5. **2 x Buchsbaum *(Buxus sempervirens)* 'Suffruticosa'**
6. **2 x Lavendel in Weiß *(Lavandula angustifolia)*, z. B. 'Nana Alba'**

7 1 x Falscher Jasmin *(Philadelphus*-Hybride) 'Manteau d'Hermine'

8 1 x Fleischbeere *(Sarcococca hookeriana* var. *humilis)*

9 4 x Elfenspiegel *(Nemesia*-Hybride) 'Fragrant Cloud'

10 12 x Dichternarzisse *(Narcissus poeticus)* – hier bereits eingezogen

11 4 x Duftveilchen *(Viola odorata)*

12 2 x Rosmarin in Rosa *(Rosmarinus officinalis)*, z. B. 'Davor'

13 12 x Tulpe *(Tulipa*-Hybride), z. B. 'Peach Blossom' – hier bereits eingezogen

14 4 x Madonnenlilie *(Lilium candidum)*

15 2 x Rosen-Duftpelargonie *(Pelargonium × graveolens)*

Wie Sie pflanzen

Wenn Sie den geeigneten Platz im Garten für diesen »Rosenbogen« gefunden haben, gilt es, den Bogen zu formen. Nehmen Sie eine dicke, farbige Schnur oder einen Gartenschlauch zu Hilfe. Der Bogen misst außen 6 m, bei einer Breite von 1–1,50 m ist der Bogen innen entsprechend kleiner; beide Enden werden abgerundet.

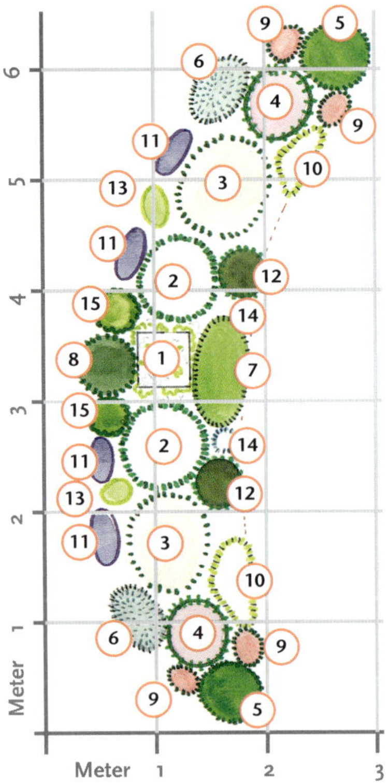

Pflanzplan zur Gestaltung Seite 164/165

Bevor Sie den Spaten ansetzen, betrachten Sie Ihr Werk aus der Entfernung und gegebenenfalls auch aus einem Fenster der Wohnung. Noch ist es leicht, die Form zu verändern.

Die Erde wird tiefgründig gelockert (2 Spaten tief) und mit Komposterde verbessert. Man kann vor der Bepflanzung eine Rasenkantensperre aus Kunststoff entlang dem Bogen einarbeiten, das erleichtert die spätere Pflege. Unbedingt nötig ist das allerdings nicht.

Nun wird die **Glyzine** genau in die Mitte des Bogens gepflanzt und der Obelisk fest darüber gesetzt. Ein dicker, stabiler Metallpfosten tut es auch.

Rechts und links davon setzt man die **Rosen** 'Glamis Castle', 'Celsiana' und 'Comte de Chambord' und zum Abschluss jeweils eine **Buchskugel.** Legen Sie sich die Pflanzen erst an die betreffende Stelle, bevor Sie die Löcher graben. Jeweils eine Hand voll Hornspäne in die Pflanzlöcher der Rosen gemischt, wirkt sich positiv auf das Wachstum aus. Wenn Sie sich bei der Rose 'Comte de Chambord' für einen Zwergstamm (50 cm) entscheiden, kommen die Höhenunterschiede noch besser zur Geltung. Der **Falsche Jasmin** wächst in der inneren Mitte leicht überhängend, die **Fleischbeere** gegenüber ist immergrün und sorgt für winterlichen Duft.

TIPP

Ich habe für die **Glyzine** bewusst die Sorte 'Shiro-kapitan' gewählt, die nicht so starkwüchsig ist. Sie können genauso gut eine Japanische Glyzine *(Wisteria floribunda)* wählen, sie hat besonders lange Blütentrauben. Achten Sie darauf, keine Sämlingspflanze zu kaufen; es kann 10 Jahre dauern, bis sie sich zu blühen entschließt.

Wie Sie pflegen

Von Zeit zu Zeit müssen die Rasenkanten mit dem Spaten abgestochen werden, um die klare Linie des Bogens zu erhalten.
Falscher Jasmin und **Lavendel** sowie die **Elfenspiegel,** die jedes Jahr im Frühling erneuert werden, wachsen überhängend und dürfen das auch tun.
Der **Rosmarin** und die **Duftpelargonien** mit ihrem intensiv nach Rosen duftenden Laub wachsen in Töpfen. Sie werden im Spätfrühling entweder mit den Töpfen im Boden versenkt oder in nostalgischen Gefäßen zwischen die Pflanzung gestellt. Im Herbst, je nach Gegend früher oder später, werden sie ins Haus geholt und frostfrei, aber nicht zu warm überwintert. Die entstehenden Lücken werden mit Tannenzweigen abgedeckt und eventuell im Vorfrühling mit Schneeglöckchen in Töpfen gefüllt.
Etwas Aufmerksamkeit sollten Sie gleich zu Anfang Ihrer **Glyzine** widmen. Sie muss »erzogen« werden. Aus 2 oder 3 kräftigen Trieben wird ein Hochstamm gebildet, indem man sie umeinander dreht oder miteinander verflechtet. Alternativ kann man sie an den Streben des Obelisken in die Höhe führen. Bis zur endgültigen Höhe werden alle Seitentriebe entfernt. Oben angelangt, formt man die Krone. Die langen, neuen Triebe im Sommer auf 10 cm einkürzen, im Winter, wenn sie ohne Laub sind, nochmals auf 3–4 Knospen zurückschneiden. Das wird jedes Jahr wiederholt, um im Mai viele herrlich nach Vanille duftende Blüten zu erhalten. Der richtige Schnitt ist das A und O.
In einer milden Gegend bei einer geschützten Lage kann man den **Rosmarin** auch auspflanzen und ihm einen Winterschutz aus Tannenzweigen geben.

Ein duftender Rosenbogen kann im Garten zugleich als Schmuckstück und zur optischen Trennung dienen.

Was Sie auch nehmen können

statt 5 **2 x Kleinblättriger Buchsbaum *(Buxus microphylla)* 'Curly Lock', ca. 50 cm hoch, rund auch ohne Schnitt**

statt 14 **4 x Madonnenlilie *(Lilium candidum)*, reinweiß mit intensivem Honigduft, überwintert mit einer hellgrünen Blattrosette**

statt 15 **1 x Stauden-Phlox *(Phlox paniculata)* 'Graf Zeppelin', weiß mit rosa Mitte, süßpfeffriger Duft**

Duftender Sitzplatz zum Träumen

Dieser Sitzplatz wird am besten vor einer Mauer angelegt, die die Wärme speichert. Das brauchen die Düfte, um sich richtig zu entfalten. Die Orangenblume mit ihrem immergrünen, weichen, nach Orangenschalen duftenden Laub bildet den idealen Hintergrund für eine nostalgische Bank. Sie ist die höchste Pflanze. Die Höhe der anderen Pflanzen – wie der Rose 'Buff Beauty', von Lavendel, Lilien und Taglilien, Phlox und Duftsteinrich – nimmt bis zum Eingang des fast geschlossenen Sitzplatzes ab, sodass eine umhüllende Wirkung entsteht.

- Die Beete sind gegengleich angelegt, nach vorne schmaler werdend.
- Zwei Buchsbäume zu beiden Seiten des Eingangs, exakt als Kugeln geschnitten, geben der lockeren Bepflanzung Halt.
- Zwei alte Tontöpfe mit Hostas sorgen für spätsommerlichen Duft.

Die Düfte rund um diesen Sitzplatz sind fruchtig, blumig und würzig, die Farben Weiß, Creme und Gelb.

Was Sie brauchen

1. **1 x Orangenblume *(Choisya ternata)***
2. **2 x Buchsbaum *(Buxus sempervirens)*, z. B. 'Suffruticosa'**
3. **2 x Rose 'Buff Beauty' (Moschata-Hybride)**

4 8 x Duftsteinrich *(Lobularia maritima)*

5 2 x Lavendel in Weiß *(Lavandula angustifolia)*, z. B. 'Nana Alba'

6 2 x Stauden-Phlox *(Phlox paniculata)*, z. B. 'Mia Ruys'

7 2 x Hosta *(Hosta)* 'Royal Standard'

8 4 x Königslilie *(Lilium regale)*

9 4 x Gelbe Taglilie *(Hemerocallis lilioasphodelus)*

Wie Sie pflanzen

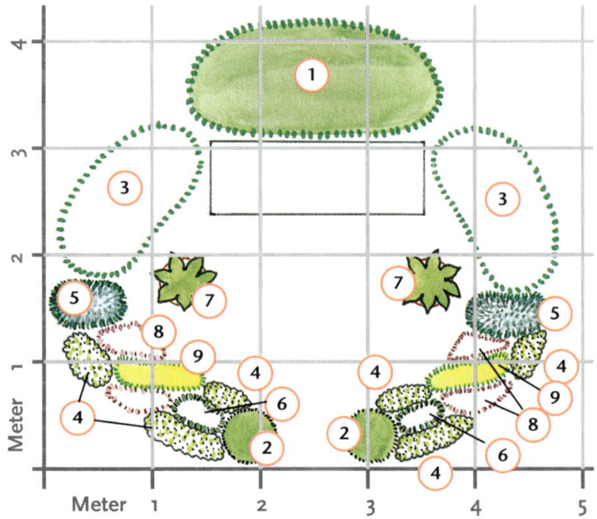

Pflanzplan zur Gestaltung Seite 168/169

Bei der Suche nach dem besten Platz für das Mußestündchen sollte man sich Zeit lassen. Windgeschützt und nach Westen gelegen, wäre ideal. Ist die Mauer hell, kann man sie dunkler streichen. Dadurch wird die Wärme länger gespeichert.

Die Beete werden ausgemessen und mit einer Schnur oder einem Schlauch markiert, um einen schönen Bogen zu erreichen. An der Mauer sind sie 80 cm breit, nach vorne allmählich schmaler werdend (30 cm).

Der Bodenbelag könnte aus alten Steinplatten bestehen, aus dessen Fugen duftende Kräuter wachsen. Zwergoregano oder Sandthymian *(Thymus serpyllum* 'Albus', eine weiß blühende Auslese) sind dafür gut geeignet. Aber auch ein unempfindlicher Rasen tut seinen Dienst. Etwas Besonderes ist ein Duftrasen, für den sich die blütenlose Römische Kamille *(Chamaemelum nobile* 'Treneague') eignet.

Nun wird als Erstes die **Orangenblume** – mit einem Abstand von 30 cm – vor die Mauer gepflanzt. Als Nächstes kommen die beiden **Buchsbäume** an den Anfang des Beetes. Alle anderen Pflanzen werden zunächst gemäß dem Pflanzplan ausgelegt. So sind noch kleine Verschiebungen ohne großen Aufwand möglich. Die **Rosen** brauchen das tiefste Loch. Bis auf den **Duftsteinrich,** der im späten Frühling gepflanzt wird, und die **Lilien**zwiebeln, die im März in die Erde kommen (dreimal so tief, wie die Zwiebel hoch ist), pflanzt man alle Arten am besten im Herbst. Zwei **Hostas** setzt man in große Tontöpfe, sie können auch im Winter draußen bleiben.

TIPP

Bei einer Herbstpflanzung werden die Rosen »wurzelnackt« sein, also ohne Erde. Eine Hand voll Hornspäne in das Pflanzloch, bedeckt mit Erde, werden die Rosen belohnen. Die Veredelungsstelle muss ca. 5 cm unter die Erde kommen. Im ersten Winter anhäufeln und mit Tannenzweigen abdecken, das tut der Rose gut.

Wie Sie pflegen

Die **Orangenblume** ist das Pflegeleichteste, was man sich denken kann. Die einzige Aufmerksamkeit braucht sie im Winter, wenn viel nasser Schnee auf ihr liegt. Damit ihre Zweige nicht unter der Last abbrechen, sollte man den Schnee vorsichtig abschütteln.

Die beiden **Buchsbäume** sehen nur gut aus, wenn sie akkurat zu Kugeln geschnitten werden. Das geht am schnellsten mit einem elektrischen Rasenkantenschneider und sollte von Mai bis September etwa alle 6 Wochen durchgeführt werden.

Wenn die abgeblühten Blütenstände des **Phlox** regelmäßig abgeschnitten werden, blüht er fleißig bis in den September hinein.

Passen Sie ein wenig auf die **Lilien** auf, bevor das Lilienhähnchen nichts mehr von ihnen übrig gelassen hat. Das lackrote Käferchen ist leicht zu sehen, lässt sich absammeln und zertreten. Jegliche Chemie ist hier fehl am Platz.

Die **Moschata-Hybride** 'Buff Beauty' ist eine öfterblühende Strauchrose. Damit sie auch öfter blüht und duftet, müssen die verwelkten Blüten und die abgeblühten Blütenbüschel ständig abgeschnitten werden. Lange Blütentriebe stören das Aussehen des Strauches an dieser Stelle; um eine schöne Strauchform zu behalten, werden sie ebenfalls zurückgeschnitten. Im Vorfrühling werden alle Triebe zur Hälfte eingekürzt. Um eine Verkahlung zu vermeiden, neue Triebe kurz über der Basis abschneiden. Ziel ist ein gewölbter Strauch mit vielen Blüten während des ganzen Sommers.

Eine Frühjahrsdüngung mit Kompost fördert das Gedeihen aller Pflanzen. Selbst im Winter wirkt die Pflanzung nicht trostlos.

Orangenblume und **Buchsbäume** sorgen für Struktur. Ein Winterschutz aus Tannenzweigen über den Beeten und den beiden Töpfen erfüllt nicht nur seinen Zweck, sondern sieht auch gut aus.

Solch ein Sitzplatz, umgeben von unseren Lieblingsdüften, sollte eine kleine Oase sein – warm und ruhig. Das brauchen die Düfte, um sich richtig zu entfalten, und wir zum Entspannen.

Was Sie auch nehmen können

statt (3) **2 x Romantikrose 'Felidae' auf Hochstamm (90 cm), öfterblühend, cremegelb-apricot, gefüllte Blüten mit angenehmem Myrrheduft**

statt (6) **2 x Kugel-Rainfarn *(Tanacetum niveum)*, winzig kleine, weiße Blüten und aromatisches Laub, bis 50 cm hoch, blüht im Sommer**

statt (9) **4 x Taglilie *(Hemerocallis*-Hybride) 'Gentle Shepherd' mit fast weißen Blüten und süßem Honigduft**

Praxis vorbereiten

Zum Pflanzenkauf geht man in den Fachbetrieb oder das gut sortierte Gartencenter. Eine gute Qualität trägt entscheidend zur Gartenfreude bei.

Einkauf

Einer der ersten Höhepunkte bei der Neuanlage des Gartens ist der Pflanzeneinkauf. Man sollte sich frühzeitig informieren, wann welche Pflanzen angeboten werden, damit man eine große Auswahl hat. Gehölze in der Baumschule kann man auch auf dem Feld begutachten und bekommt sie dann pünktlich zur Pflanzsaison geliefert. Die meisten Pflanzen erhält man im Plastikcontainer. Hinsichtlich der **Qualität** sind folgende Kriterien zu beachten:

- Der Topf muss durchwurzelt sein, sodass die Wurzeln die Erde halten, aber nicht stark aus dem Topf herausgewachsen sind.
- Die Wurzelspitzen sollten weiß und vital aussehen.
- Die Pflanzen müssen einen gesunden Eindruck machen und unkrautfrei sein.
- Die Rinde von Gehölzen darf nicht beschädigt sein.
- Alle Pflanzen sollten etikettiert sein, damit Sie sie zu Hause erkennen.

Werkzeug

Verwenden Sie zur Arbeit Qualitätswerkzeug, das ergonomisch geformt ist. Die Anschaffung lohnt sich, denn hochwertige Spaten, Scheren und Harken sind die Grundlage für den Gartenspaß.

Zumindest einige dieser Werkzeuge sollte man haben, damit man die neu angelegten Flächen fachgerecht pflegen kann.

Boden vorbereiten

Ein gründlich vorbereitetes Erdreich ist die Garantie für kräftiges Wachstum. Man erkennt einen guten Boden daran, dass er leicht krümelig ist und sich nach einem Regen keine Pfützen bilden. In Neubaugebieten kann der Boden tiefgründig verdichtet sein, weil mit schweren Maschinen achtlos über das Grundstück gefahren wurde. Diese Schichten müssen aufgebrochen werden. Der Fachmann nennt dies **»Rigolen«**. Dazu wird der Boden zwei Spaten tief umgegraben. Wichtig ist, dass man auf die verdichteten Zonen trifft. Liegen diese sehr tief, holt man sich Unterstützung beim Fachmann.
Ist der Boden nicht verdichtet, kann man auf die kraftzehrende Lockerung verzichten. Es sein denn, der Boden sitzt voller **Wurzelunkräuter.** Mit Hilfe der Grabegabel entfernt man sie gründlich mitsamt Wurzeln.
Dabei müssen selbst kleinste Teilstückchen aufgelesen werden, denn bei Giersch, Winde und Quecke treiben solche Teile wieder aus. Stark verunkrautete Flächen sollte man zunächst noch brachliegen lassen, um die neu durchtreibenden Reste aufzuspüren. Unter einer schwarzen Mulchfolie entwickeln sie sich schnell und werden bereits durch den Lichtmangel geschwächt. **Samenunkräuter** wie Disteln und Löwenzahn entfernt man samt Wurzel.
Ein schlechter Boden kann durch eine **Gründüngung** belebt werden. Hierzu sät man eine Mischung aus Schmetterlingsblühern wie Klee sowie Senf und Bienenfreund aus. Die Wurzeln lockern den Boden und der Stickstoffgehalt wird verbessert. Kurz nach der Blüte wird die Gründüngung gemäht und als Humuslieferant eingearbeitet.
Sand, Kompost und Urgesteinsmehl gehören zu den **Strukturverbesserern**. Sand eignet sich für schwere Böden, Urgesteinsmehl für sandigen Kompost ist ein Muss für jeden Bodentyp.

Im Herbst wird der Boden grobschollig umgegraben. Anschließend zerstückelt der Frost die groben Schollen.

Pflastern

Mit dem Gummihammer werden die einzelnen Pflastersteine fest in den Untergrund geschlagen.

Vorbereiten

Wege, Sitzplätze und Vorplätze sollten befestigt werden, damit man sie bei jedem Wetter gut begehen kann. Die Anlage von Flächen sollte vor der Bepflanzung der angrenzenden Beete abgeschlossen sein, weil man so keine Rücksicht auf die Beete nehmen muss. Ganz wichtig für die Flächen ist ein fachgerechter **Unterbau**. Zudem sollten Flächen waagrecht verlegt werden und in Hausnähe ein Gefälle haben, damit das Regenwasser vom Haus weggeführt wird.
Grundsätzlich legt man zunächst die Fläche gestalterisch fest, überträgt sie auf den Garten und beginnt dann mit dem Ausschachten für den Unterbau.

Bodenbelag

Der Bodenbelag ist nicht nur eine Frage des Geschmacks, sondern sollte zum Stil des Gartens und des Wohnhauses passen. Das Material und sein Verlegemuster stellen kleine Blickfänge dar oder bringen Ruhe in die Gestaltung. Für die Auswahl sollte man sich Zeit nehmen.
Man unterscheidet im Garten zwischen der **wassergebundenen Bodendecke** und dem festen Belag. Kies, Rindenmulch und Splitt zählen zu den wassergebundenen Belägen. Die Ränder werden mit Kantensteinen befestigt. Natursteinplatten, Pflaster oder Klinkersteine sowie Holzdecks und Betonplatten zählen zu den **festen Belägen**. Steine werden in ein Sand- oder Mörtelbett verlegt. Holzdecks sollten auf einen wasserdurchlässigen Untergrund gebaut werden, damit das Holz gut durchlüftet ist.
Die speziellen Geräte, die man für Verlegearbeiten benötigt, kann man im Baumaschinen-Fachhandel oder in Baumärkten gegen eine geringe Gebühr ausleihen.

Der Sand wird zunächst mit dem Besen in die Fugen gefegt und anschließend mit Wasser eingespült.

Wege im Garten

Ein Wegesystem strukturiert den Garten und verbindet die verschiedenen Gartenräume miteinander. Das Material sollte mit dem der Sitzplätze übereinstimmen, um dem Garten eine harmonische Ausstrahlung zu geben. Es bietet sich an, für Wege, die nicht allzu häufig begangen werden, eine preisgünstige wassergebundene Wegedecke auszuwählen. Wichtig ist, dass die Fläche eine gute Drainage hat, damit sich keine Pfützen bilden. Wassergebundene Beläge können mit einzelnen Polstern, zum Beispiel von Thymian *(Thymus serpyllum)* und Fetthenne *(Sedum)* bepflanzt werden. Man kann auch überzählige Natursteinplatten im Rasen als **Plattenweg** verlegen. Dabei sollte man zum Test die Steine auslegen und darüberlaufen, um zu prüfen, ob die Abstände angenehm sind.

Entlang den Wegen kann man **Leerrohre für Kabel** sowie die Wasserleitungen verlegen, weil man so genau weiß, wo diese liegen. Diese Leitungen sollten zu Strom- und Wasseranschlüssen an Sitzplätzen, dem Gartenhaus und dem Arbeitsplatz führen.

Der Rasen wird für den Plattenweg entsprechend der Steinform abgestochen und das Erdreich ausgeschachtet.

Wege mit einer wassergebundenen Decke aus Splitt werden mit Steinen zum Rasen und zum Beet sauber eingefasst.

Beet-Einfassungen

Legt man Wege und Flächen an, so sollte man gleichzeitig an eine saubere Einfassung der Beete denken. Man kann eine Eisenschiene versenken oder eine Steinkante im Mörtelbett verlegen, um zu verhindern, dass die Pflanzen in den Weg oder den Rasen wuchern.

Rund um die Pflanzung

Für den Baum wird ein Pflanzloch ausgehoben. Die Sohle mit dem Spaten kräftig lockern.

Seitlich wird ein Pflanzpfahl eingesetzt und der Ballen in das Loch gestellt. Dann füllt man den Aushub auf.

Mit reichlich Wasser schlämmt man die Erde ein. Meist sackt sie noch nach; dann die Löcher auffüllen.

Gehölze pflanzen

Große Bäume werden entweder im Container oder mit einem Ballen angeboten. Dieser wird durch ein Ballentuch gehalten. Zunächst muss man ein ausreichend breites und tiefes Pflanzloch ausheben. Das Loch wird mit Wasser gefüllt, um den Boden durchdringend zu befeuchten. Den Grund lockert man mit dem Spaten, man kann auch Komposterde untermischen. Nun wird der Ballen eingesetzt. Er muss genauso tief in der Erde sitzen wie zuvor.
Das Ballentuch wird nun am Stamm gelöst. Es kann in der Erde bleiben, wo es im Laufe der Zeit verrottet. Ein kräftiger Pfahl wird seitlich in den Boden geschlagen. Er hält den Baum, bis er angewachsen ist, und verhindert, dass er durch Stürme verrutscht und schief anwächst. Nun wird der Aushub wieder aufgefüllt und behutsam mit dem Fuß angetreten. Anschließend schlämmt man mit dem Schlauch die Erde ein. Danach füllt man Erde nach und bildet

Mit einer Kokosschnur, die wie eine Acht geführt wird, bindet man den Stamm an dem Stützpfahl an.

aus dem überschüssigen Aushub einen Gießring. Er sorgt dafür, dass das Wasser direkt zum Ballen versickert.
Zum Schluss wird der Stamm am Pfahl festgebunden. Wichtig ist eine weiche Schnur, die nicht an der Rinde scheuert. Nach dem Anwachsen löst man die Befestigung.

Hecken pflanzen

Immergrüne Hecken pflanzt man im Spätsommer, Laubabwerfende im Herbst. Man kennzeichnet den Standort für die formale Hecke mit einer Pflanzschnur und hebt entlang dieser Linie einen Graben aus. Nun werden Meter für Meter die Pflanzen einsetzt und der Aushub wieder aufgefüllt. Anschließend das Angießen nicht vergessen!

Heckenpflanzen setzt man in einer Reihe nebeneinander, damit sie eine dichte grüne Wand bilden.

Rosen werden oft wurzelnackt angeboten. Gründlich vor der Pflanzung wässern! Die Veredlungsstelle muss mit Erde bedeckt sein.

Rosen pflanzen

Der Spätherbst ist die ideale Jahreszeit für die Pflanzung von Rosen. Sie befinden sich in Ruhe und werden oft wurzelnackt, also ohne Erdballen, angeboten. Das Pflanzloch muss tief ausgehoben werden, sodass die Veredlungsstelle in der Erde liegt. Nach der Pflanzung werden die Stöcke mit Komposterde angehäufelt.

Rund um die Pflanzung

Stauden legt man gemäß dem Pflanzplan auf dem Beet aus. Größere Flächen markiert man mit Sand.

Sind die Plastikcontainer stark eingewurzelt, so schneidet man sie behutsam mit einer Schere auf.

Mit der Pflanzschaufel gräbt man ein Loch und setzt die Staude so tief ein, wie sie zuvor im Topf gestanden hat.

Stauden pflanzen

Man kann die mehrjährigen Gartenblumen im Frühjahr oder bis auf wenige Ausnahmen auch im Spätsommer pflanzen. Natürlich gibt es einige Ausnahmen. Pfingstrosen *(Paeonia)* sollten im Herbst umgepflanzt werden. Herbstanemonen *(Anemone japonica)* und Halbsträucher wie Küchensalbei *(Salvia officinalis)*, Lavendel *(Lavandula angustifolia)* und Heiligenkraut *(Santolina chamaecyparissus)* sollten grundsätzlich nach dem Winter gepflanzt werden.

Man überträgt vom Plan auf die vorbereitete, glatt gerechte Fläche mit Sand die einzelnen Pflanzbereiche. Nun legt man ein Brett auf das Beet, damit die Erde nicht zu stark verdichtet wird. Die Stauden werden verteilt. Sind die Wurzelballen sehr trocken, sollte man sie vorher wässern. Vor der Pflanzung topft man die Stauden aus. Mit der Handschaufel wird ein Loch gegraben, der Grund gelockert und die Pflanze eingesetzt. Sie sollte so tief wie zuvor im Topf sitzen. Erde wird seitlich angefüllt. Man drückt den Ballen der Pflanze mit beiden Händen behutsam, aber bestimmt an. Abschlie-

Zum Schluss gießt man die Stauden gründlich an, damit sie rasch einwurzeln und durchtreiben.

ßend müssen die Pflanzen gründlich angegossen werden. Bei einer Pflanzung vor dem Winter sollte man unbedingt Winterschutzmaterial, also Häcksel und Tannenreisig, bereit legen, um die Jungpflanzen vor Kahlfrösten zu schützen. So kann man verhindern, dass die Ballen durch die Kälte hochfrieren. Im ersten Jahr muss man regelmäßig gießen, damit die Stauden anwachsen.

Einjährige pflanzen

Sommerblumen werden im Prinzip genauso wie Stauden gepflanzt. Auf ausreichenden Abstand achten, damit sich die Pflanzen entfalten können. Die ideale Pflanzzeit für die Sommerblumen ist nach den Eisheiligen Mitte Mai, wenn keine Nachtfröste mehr zu erwarten sind. In den ersten Wochen muss gründlich gegossen werden.

TIPP

Blumenzwiebeln, die im Frühling und Frühsommer blühen, werden im Herbst gelegt. Es gilt folgende Faustregel: Das Zwei- bis Dreifache der Zwiebelhöhe ist die optimale Pflanztiefe.

Mulchen

Eine Mulchdecke besteht in der Regel aus Rindenkompost. Man kann aber auch Häcksel verwenden. Das Material wird mindestens vier bis fünf Zentimeter dick zwischen den frisch gepflanzten Stauden verteilt. Das dunkle Material erwärmt sich schnell und aktiviert so das Bodenleben. Es verhindert schnelles Austrocknen und dass Unkraut in den Zwischenräumen keimt.

Eine Mulchschicht schützt den Boden und verhindert, dass sich Unkraut zwischen den Blumen ausbreitet.

Gefäße bepflanzen

Balkonkästen bepflanzen

Vor der Pflanzung müssen gebrauchte Kästen gründlich gereinigt werden. Kalkrückstände entfernt man mit Essigessenz. Neue Kästen, die kein Abzugsloch im Boden haben, müssen aufgebohrt werden, um Staunässe zu vermeiden. Auf die Löcher legt man Tonscherben, die verhindern, dass das Substrat herausgespült wird. Wer einen sonnigen Balkon hat, gibt auf den Boden Blähton oder Tongranulat als Wasserspeicher. Nun füllt man etwas Qualitätserde ein. Die Anordnung der Pflanzen stellt man sich hinter dem Kasten bereit, sodass man die Balkonschönheiten von links nach rechts einsetzen und Substrat auffüllen kann. Anschließend gießt man an und füllt gegebenenfalls noch Erde auf.

Beim Bepflanzen des Balkonkastens kommt es darauf an, dass man die verschiedenen Wuchsformen im Gefäß richtig anordnet.

Auf die Abzugslöcher im Kasten legt man eine Tonscherbe.

Nun kann hochwertige Blumenerde etwa drei Finger hoch eingefüllt werden.

Die ausgetopften Pflanzen setzt man ein und füllt die Lücken mit Erde.

Kübel bepflanzen

Die Bepflanzung eines Kübels ist recht einfach, weil man in der Regel nur eine Pflanze pro Gefäß einsetzt. Wenn man die Füße von Hochstämmchen bepflanzt, muss man den Kübel entsprechend groß auswählen, damit die Wurzeln der Sommerblumen neben denen des Hochstämmchens ausreichend Platz finden. Auf das Abzugsloch im Topfboden legt man eine Tonscherbe. Es ist zu empfehlen, darüber Tongranulat oder Blähton zu füllen, weil es ein idealer Wasserspeicher ist. Ein Vlies darüberlegen, damit die Erde nicht in die Zwischenräume gespült wird. Nun gibt man so viel Erde in das Gefäß, dass der Ballen etwa zwei Fingerbreit unter dem Topfrand sitzt. Nach dem Auffüllen gießt man die Pflanzen gründlich an.

Der Ballen wird in einen größeren Topf gesetzt, sodass zum Rand hin neue Wurzel wachsen können.

Erde wird aufgefüllt und zwischen Topfrand und Ballen nach unten gedrückt oder mit Wasser eingespült.

Umtopfen

Ältere Kübelpflanzen müssen etwa alle zwei bis drei Jahre umgetopft werden. Gleichzeitig schneidet man die Triebe zurück. Entscheidend ist, ob man die Pflanze in den gleichen Topf setzt oder einen größeren wählt. Verwendet man das gleiche Gefäß, muss der Wurzelballen beschnitten werden, um ein vitales Wachstum anzuregen. In einem größeren Kübel ist dazu grundsätzlich genügend Platz. Dabei muss nur der Wurzelfilz am Boden etwas gelockert werden. Beschneidet man den **Ballen**, so schneidet man drei bis vier Keile mit einem scharfen Messer aus dem **Ballen**. In diese füllt man frisches Substrat und spült es mit Wasser ein. Ansonsten gibt es keine Unterschiede in den Handgriffen zum Umtopfen.

Gießen

Gießkanne, Schlauch und Handbrause sind die wichtigsten Utensilien zur Bewässerung der Pflanzen.

Im Garten

Wasser ist das Lebenselixier der Pflanzen. Je nach Art des Bodens kann dieser Wasser gut oder schlecht speichern. Sandige Böden beispielsweise trocknen rasch ab, während eine tonhaltige Erde das Wasser hält. Mit Hilfe von Humus kann man das Wasserspeichervermögen des Bodens verbessern, da sich die Pflanzenfasern voll Wasser saugen und es langsam wieder abgeben. Hierauf sollte man bei den Blumenbeeten ein Augenmerk richten.

Grundsätzlich muss man beim Gießen wissen, dass Wasser langsam versickert. Es nützt den Pflanzen wenig, wenn man die Erdoberfläche befeuchtet, weil der Großteil der Feuchtigkeit verdunstet. Tiefgründiges Wässern hat den Vorteil, dass die Wurzeln auch in der Tiefe Wasser bekommen und angeregt werden, in diese Schichten zu wachsen. In einem Staudenbeet können sich die Pflanzen, wenn sie im ersten Jahr immer wieder tiefgründig gegossen worden sind, in den folgenden Jahren sehr gut selbst versorgen, weil sie einen kräftigen Wurzelkörper haben. Man kann sich mit Hilfe von Tropfschläuchen und porösen Schläuchen, die direkt ins Beet verlegt werden, die mühsame Arbeit des Gießens erleichtern.

Der ideale Zeitpunkt für das Gießen sind die frühen Morgenstunden. Mit der sich erwärmenden Luft trocknen die Blätter und Blüten rasch ab und die Pflanzen sind für den Tag gestärkt. Dabei gießt man in erster Linie die Pflanzen und den

Wichtig ist, dass die Erde nass wird. Blätter und Blüten sollten möglichst trocken bleiben.

Bereich der Wurzeln. Eine nicht zu feinstrahlige Brause ist optimal. Ein kräftiger Strahl schwemmt die Erde ab, ein feiner Sprühstrahl verdunstet schon an der Luft, wenn es im Sommer heiß ist. Die Zwischenräume in den Beeten, die nicht bepflanzt sind, kann man auslassen. Es wäre reine Wasserverschwendung, diese zu gießen.

In den Mittagsstunden darf nicht gegossen werden, da sonst die Wassertropfen wie ein Brennglas auf den Blätter stehen!

Im Topfgarten

Will man im Sommer die Balkonkästen und Kübel gießen, so sollte man ein hochwertiges Substrat verwenden, das eine hohe Speicherfähigkeit besitzt. Bei Balkonkästen in der prallen Sonne ist zu empfehlen, **Gefäße mit Wasserspeicher** zu verwenden. Sie können einige Liter im doppelten Boden aufnehmen und so die Pflanzen gleichmäßig versorgen. Sind Töpfe und Kübel stark ausgetrocknet, sollten sie getaucht werden. Dazu nimmt man eine Wasserwanne und drückt die Gefäße unter Wasser, bis keine Luftblasen mehr aufsteigen. **Immergrüne Gehölze** müssen übrigens auch im Winter gegossen werden. Dazu wählt man einen Zeitpunkt, an dem es nicht friert. Schließlich verdunsten Buchsbaum und Co. auch in der Wintersonne Feuchtigkeit.

TIPP

Für Balkonkästen gibt es dicke Filzmatten, die man auf den Boden legt. Sie können viel Wasser speichern, sodass die Pflanzen gleichmäßig mit Wasser versorgt werden.

Der Tropfschlauch versorgt die Pflanzen im Beet stetig und durchdringend mit Wasser.

Ein Bewässerungscomputer steuert die Wassergaben. Er braucht regelmäßige Kontrolle.

Düngen

Jede Pflanze benötigt zum Wachsen Nährstoffe. Die wichtigsten sind **Stickstoff** (N), der für das Zellwachstum von Blättern und Trieben benötigt wird, **Phosphor** (P), der die Blütenbildung und -entwicklung fördert, und **Kalium** (K), das für eine stabile Struktur der Zellen sorgt. Weiterhin benötigen die Pflanzen **Spurenelemente** wie Magnesium und Eisen. Diese werden in der Regel nur in sehr geringen Mengen gebraucht. Bei der Versorgung der Pflanzen mit den Nährstoffen kommt es zum einen auf die richtige Menge an, zum anderen aber auch auf ein ausgewogenes Verhältnis der Nährelemente. Hinsichtlich der Dosierung sollte man sich an die Angaben auf dem jeweiligen Produkt halten.

Für Blumenbeete unterscheidet man zwischen **organischen** und mineralischen **Düngern**. Hornspäne, Guano und Mist zählen zu den organischen. Sie müssen zunächst im Boden in eine pflanzenverfügbare Form umgewandelt werden. Dadurch wird zugleich das Bodenleben angeregt. Solche Dünger wirken entsprechend langsamer. Bei einer Frühjahrsdüngung empfiehlt sich die Ausbringung Anfang März, sodass die Nährstoffe zum Austrieb von den Pflanzen aufgenommen werden können.

Mineralische Dünger lösen sich in Wasser und können so direkt aufgenommen werden. Zugleich wird aber auch ein großer Teil des Düngers ungenutzt durch Regenwasser ausgespült. Daher sollte man die mineralischen Dünger erst dann ausbringen, wenn die Pflanzen austreiben.

Neben der Startdüngung im Frühjahr sollte man im Frühsommer ein zweites Mal Nährstoffe verteilen, damit die

Mit der Dosierhilfe kann man die Düngermenge leicht abmessen. Sie bezieht sich meist auf eine bestimmte Fläche.

Der Dünger wird über den Wurzeln in das Erdreich eingeharkt. Anschließend wird gegossen.

Langzeitdünger enthalten die Nährstoffe, die über einen Zeitraum von neun bis zwölf Wochen abgegeben werden.

Pflanzen kräftig wachsen. Anfang August wird die Düngung eingestellt, damit die winterharten Pflanzen nun ausreifen können. Lediglich bei empfindlichen Pflanzen und beim Rasen kann man über eine kaliumbetonte Herbstdüngung nachdenken, die die Zellen stärkt, damit sie widerstandsfähig gegen niedrige Temperaturen sind.

Spezialdünger

Immer öfter findet man im Sortiment des Fachhandels **Langzeitdünger**. Diese bestehen aus kleinen, kunststoffummantelten Kügelchen. Sie enthalten die Nährstoffe für durchschnittlich drei Monate und geben sie in Abhängigkeit von der Umgebungstemperatur frei. Bei höheren Temperaturen wachsen Pflanzen schneller und haben entsprechend einen höheren Nährstoffbedarf. Langzeitdünger sind praktisch für Balkonkästen und Kübelpflanzen, weil man die wöchentlichen Flüssigdüngergaben getrost vergessen kann.

Weiterhin gibt es für verschiedene Pflanzen **Spezialdünger**, zum Beispiel Rosen-, Petunien- und Koniferendünger. Diese Präparate sind für Anfänger praktisch, weil die jeweiligen Pflanzen optimal versorgt werden. Es lohnt sich, das Kleingedruckte zu lesen. Man findet Angaben, für welche Pflanzen sich die Produkte eignen. Buchsbaumdünger kann man zum Beispiel für alle immergrünen Schnittgehölze verwenden.

Flüssigdünger wird dem Gießwasser regelmäßig beigemischt. Man dosiert wie auf der Packung angegeben.

Pflegen

Erigeron wird nach der Blüte zurückgeschnitten, damit er noch mal neu durchtreibt und ein zweites Mal blüht.

Verblühte Lupinen schneidet man zurück, damit sie keine Kraft bei der Samenbildung vergeuden.

Frühjahrsschnitt

Wenn die Vorfrühlingsblüher im Garten für die ersten Highlights sorgen, kann man beginnen, die Staudenbeete zu putzen. Horste und Triebe werden bis dicht über dem Boden zurückgeschnitten. Dichte Horste verwöhnt man mit Komposterde, die man auf die Pflanzen streut. So vergreisen sie nicht so schnell und treiben kräftig durch.

Rückschnitt

Man unterscheidet verschiedene Arten des Rückschnitts. Welke Blütenstände lichtet man im Normalfall aus. Größere Flächen von Bodendeckern erneuert man durch einen Rückschnitt mit dem Rasenmäher. Nachblühende Stauden wie Rittersporn (*Delphinium*) schneidet man zeitig nach der Blüte zurück, damit der Neuaustrieb angeregt wird. Stauden mit auffälligen Fruchtständen, und Gräser werden erst im Frühjahr zurückgeschnitten, da sie die Winterbilder des Gartens beleben.

Im Herbst werden versamende Stauden zurückgeschnitten, die übrigen werden erst im Frühjahr gekürzt.

Rosentriebe schneidet man immer dicht über einem Auge ab. Die Triebe werden etwa um zwei Drittel gekürzt.

Rosenschnitt

Etwa zur gleichen Zeit schneidet man die Rosen zurück. Ausnahmen sind Rankrosen, die an den einjährigen Trieben bereits die Blütenknospen angelegt haben. Lange Triebe werden um etwa zwei Drittel eingekürzt. Man schneidet immer dicht über einem Auge. Alte Zweige schneidet man komplett weg, damit die Stöcke vital bleiben.

Stützen

In einer harmonisch aufgebauten Rabatte stützen sich die Pflanzen häufig gegenseitig. Nun gibt es aber Arten, die dazu neigen, auseinander zu fallen. Sie werden durch Drahtstützen oder Haselnusszweige gehalten. Es ist wichtig, die Stützen frühzeitig aufzustellen, damit sie von den Pflanzen überwachsen werden und nicht auffallen.

Einfache grüne Drahtstützen sind unscheinbar und verhindern, dass die Horste auseinander fallen.

Teilen

Wenn die Stauden im Laufe der Jahre sehr dicht stehen, lässt die Blühfreudigkeit nach. Dann ist der Zeitpunkt gekommen, dass die Pflanzen geteilt werden müssen. Dazu gräbt man den Horst aus und teilt ihn je nach Größe in zwei bis drei Teilstücke. Eines davon wird wieder gepflanzt.

Mit einer Grabegabel teilt man kräftige Staudenhorste in zwei Teile und verjüngt so die Pflanzen.

Bezugsquellen

Die im Buch vorgestellten Pflanzen erhalten Sie in jeder gut sortierten Gärtnerei oder im Gartencenter. Nachfolgend eine Auswahl empfehlenswerter Betriebe ohne Anspruch auf Vollständigkeit.

Garten-Versandhandel

OBI@OTTO
20088 Hamburg
Tel.: 01 80 / 503 00 03
www.OBI@OTTO.de

Gärtner Pötschke
Beuthener Straße 4
41564 Kaarst
Tel.: 0 21 31 / 793-333
www.gaertner-poetschke.de

Versandgärtnerei Baldur-Garten
Elbinger Str. 12
64625 Bensheim
Tel.: 0 62 51 / 10 35 10
www.baldur-garten.de

Dehner
86640 Rain am Lech
Tel.: 090 90 / 77-0
www.dehner.de

Stauden

Arends Maubach
Monschaustraße 76
42369 Wuppertal
Tel.: 02 02 / 46 46 10
www.arends-maubach.de

Helmut Stade
Beckenstrang 24
46325 Borken/Marbeck
Tel.: 028 61 / 26 04
www.stauden-stade.de

Syringa-Samen
Bernd Dittrich
Postfach 1147
78245 Hilzingen-Binningen
Tel.: 077 39 / 14 52
www.syringa-samen.de

Staudengärtnerei Gräfin von Zeppelin
79295 Sulzburg-Laufen
Tel.: 076 34 / 69 716
www.graefin-v-zeppelin.com

Staudengärtnerei
Dieter Gaißmayer
Jungviehweide 3
89257 Illertissen
Tel.: 073 03 / 73 58
www.staudengaissmayer.de

Gehölze

Baumschule Lorenz von Ehren
Maldfeldstraße 4
21077 Hamburg
Tel.: 040 / 761080
www.lve.de

Gärtnerei F. M. Westphal
Peiner Hof 7
25497 Prisdorf
Tel.: 041 01 / 741 04
www.clematis-westphal.de
(Duftende Clematis. Ausgezeichneter Farbkatalog)

Pflanzenhandel Huben GmbH
Schriesheimer Fußweg 7
68526 Ladenburg
Tel.: 062 03 / 928 00
www.huben.de

Rosen

W.Kordes´ Söhne Rosenschulen
Rosenstraße 54
25365 Klein Offenseth-Sparrieshoop
Tel.: 041 21 / 487 00
www.kordes-rosen.com

Rosenhof Schultheis
Bad Nauheimer Straße 3-7
61231 Bad Nauheim-Steinfurth
Tel.: 060 32 / 810 13
www.rosenhof-schultheis.de

Lacon GmbH
J.-S.-Piazolo-Straße 4a
68766 Hockenheim
Tel.: 062 05/ 70 33
www.lacon-rosen.de

Rosengärtnerei Kalbus
Hagenhausener Hauptstr. 112
90518 Altdorf-Hagenhausen
Tel.: 091 87 / 57 29
www.rosen-kalbus.de

Sommerblumen

Sperli-Samen / Sperling & Co.
Hamburger Straße 27
21339 Lüneburg
Tel.: 04131/30170
www.sperli-samen.de

Thompson & Morgan Ltd.
Postfach 1069
22784 Hamburg
Tel.: 040 / 61 19 39 93
www.thompson-morgan.com

Bruno Nebelung GmbH
Kiepenkerl-Pflanzenzüchtung
Postfach 1263
48348 Everswinkel
Tel.: 025 82 / 67 00
www.nebelung.de

Blumenschule Engler
Augsburger Straße 62
86956 Schongau
Tel.: 088 61 / 73 73
www.blumenschule.de

N.L. Chrestensen
Erfurter Samen- und Pflanzenzucht GmbH
Postfach 854
99008 Erfurt
Tel.: 03 61 / 224 50
www.chrestensen.de

Zwiebelblumen

Hoch Albrecht
Potsdamer Str. 40
14163 Berlin
Tel.: 030 / 802 62 51

Horst Gewiehs
Blumenzwiebeln
Postfach 1270
27342 Rotenburg/Wümme
Tel.: 042 61 / 638 18

Rupert Schmid
Gartencenter
Straubenmühle
73460 Hüttlingen
Tel.: 0 73 61 / 91 12 – 0

Kübelpflanzen

Ibero Import
Bahnhofstraße 12
37249 Neu-Eichenberg
Tel.: 055 42 / 18 45
www.ibero-import.net

Flora Mediterranea
Königsgütler 5
84072 Au/Hallertau
Tel.: 087 52 / 12 38
www.floramediterranea.de

Flora Toskana
Böfinger Weg 10
89075 Ulm/Donau
Tel.: 07 31 / 926 70 95
www.flora-toskana.de

Accessoires und Zubehör

Die Gartengalerie
Wossingerstraße 15
75045 Walzbachthal
Tel.: 072 03 / 1805
www.gartengalerie.de

Gartenbedarf-Versand
Richard Ward
Günztalstraße 22
87733 Markt Rettenbach
Tel.: 083 92 / 16 46
www.gartenbedarf-versand.de

Hesperiden GmbH
In der Schmalau 4
90427 Nürnberg
Tel.: 09 11 / 30 31 11

Stichwortverzeichnis

Bildnachweis:

Baumjohann: 177u, 177or, 187o, 187ur
Borstell: 1, 2, 8, 9, 10, 11u, 120, 12u, 130, 13u, 14, 15u, 19, 23, 35, 67, 75, 83, 87, 103, 115, 119, 122, 127, 131, 135, 147, 155, 163, 167, 171
Gardena: 183u, 183o
GBA/Didillon: 110
GBA/GPL: 179u
Redeleit: 27, 79, 95, 173, 174r, 175u, 175o, 176, 177ol, 179o, 180u, 182l, 187ul, 186ur,
Reinhard: 99, 107, 111, 143, 159, 172u
Ruckszio: 43
Seidl: 139
Stork: 181l, 181r, 182r, 184l, 184r
Strauß: 150, 31, 23, 47, 51, 55, 59, 63, 71, 91, 151, 172o, , 178l, 178m, 178r, 180, 185, 185u, 186ol, 186or

Grafiken:

Sylvia Bespaluk: 16/17, 18, 20/21, 22, 24/25, 26, 68/69, 72/73, 74 76/77, 78, 80/81, 82, 84/85, 86, 144/145, 146, 148/149, 150, 152/153, 154, 156/157, 158

Ruth Fritzsche: 28/29, 30, 32/33, 34, 36/37, 38, 40/41, 42, 44/45, 46, 48/49, 50, 52/53, 54, 56/57, 58, 60/61, 62, 64/65, 66, 120/121, 122, 124/125, 126, 128/129, 130, 132/133, 134, 136/137, 138, 140/141

Heidi Janiček: 88/89, 90, 92/93, 94, 96/97, 98

Sabine Weber: 100/101, 102, 104/105, 106, 108/109, 110, 112/113, 114, 116/117, 118, 160/161, 162, 164/165, 166, 168/169

Bibliografische Information Der Deutschen Bibliothek

Die Deutsche Bibliothek verzeichnet diese Publikation in der Deutschen Nationalbibliografie; detaillierte bibliografische Daten sind im Internet über http://dnb.ddb.de abrufbar.

BLV Verlagsgesellschaft mbH
München Wien Zürich
80797 München

Umschlaggestaltung:
Joko Sander Werbeagentur, München
Umschlagfotos: Vorderseite: Ulrike Schanz, München
Rückseite: Grafiken von S. Bespaluk (2), R. Fritzsche

Layoutkonzept Innenteil: Parzhuber und Partner, München

Lektorat: Dr. Thomas Hagen
Herstellung und DTP: Hermann Maxant

Reproduktionen: Repro Ludwig

Gedruckt auf chlorfrei gebleichtem Papier

Printed in Italy ·
ISBN 3-405-16743-4